Gesunder Pferdeverstand für Menschen

Rangordnung · Partnerschaft · Energietransfer

von Linda Weritz

CADMOS

Gestaltung und Satz: Ravenstein + Partner, Verden
Titelfoto: Julia Wentscher
Fotos: Reto Boltshauser, Michael Maierhofer,
Christiane Slawik, Julia Wentscher
Druck: Westermann Druck, Zwickau

Printed in Germany

ISBN 978-386127-437-7

Inhalt

Foto: Wentscher

Meine Motivation

> *Pferdeverstand: das, was Pferde davon abhält, auf künftiges Verhalten der Menschen zu wetten.*
>
> *Oscar Wilde*

In den vielen Jahren, die ich mit Pferdeleuten und Pferden verbracht habe, ist mir eine Sache klar geworden: Es gibt sehr viele Pferdeleute auf der ganzen Welt, die Pferde aufrichtig lieben und schätzen. Doch es gibt nur wenige Menschen, die man als „richtige" Pferde-

Inhalt

Danksagung

Ein ganz herzliches Dankeschön an alle meine „Meister“, Kollegen und Schüler – ob zwei- oder vierbeinig.
Sehr bedanken möchte ich mich auch für die hervorragende Arbeit meiner Lektorin Anneke Bosse, der erstklassigen kollegialen Unterstützung von Johan Zagers und seinem Team im Dressurstall Zagers in Düsseldorf und bei den Fotografinnen Christiane Slawik und Julia Wentscher für ihre wunderbaren Bilder.
Vielen Dank auch an meine Familie und meine Freunde für ihr Verständnis dafür, dass ich wenig Zeit hatte, und für ihre geschätzte Unterstützung.

Für Chiron und Paladin

Linda Weritz

Foto: Wentscher

Meine Motivation

> *Pferdeverstand: das, was Pferde davon abhält, auf künftiges Verhalten der Menschen zu wetten.*
>
> *Oscar Wilde*

In den vielen Jahren, die ich mit Pferdeleuten und Pferden verbracht habe, ist mir eine Sache klar geworden: Es gibt sehr viele Pferdeleute auf der ganzen Welt, die Pferde aufrichtig lieben und schätzen. Doch es gibt nur wenige Menschen, die man als „richtige" Pferdemenschen bezeichnen kann – als „afficionados“, die mehr wissen (wollen) über das Pferd an sich, darüber, wie es denkt, fühlt und kommuniziert. Diese Menschen schaffen es, die Welt mehr oder weniger durch die Augen des Pferdes zu sehen; sie sind selbst ein Stück weit Pferd geworden. Unter den vielen Menschen in allen möglichen Sparten des Pferdesports sind nur wenige, die das geheimnisvolle Tier, mit dem sie umgehen, wirklich intellektuell und sinnlich erfasst haben und die erfolgreich mit ihm kommunizieren können.

Seit 6000 Jahren beschäftigt sich der Mensch mit der Spezies Pferd, und vermutlich hat sich an den Problemen zwischen Mensch und Pferd seit dem Beginn der Domestizierung wenig geändert. Es ist eine beschämende Vorstellung, seit 6000 Jahren keine wesentlichen Verbesserungen herbeigeführt zu haben. Sicher verfügen wir heute über die modernste Ausrüstung zur Ausbildung des Pferdes, und auch der Tierschutz ist in einem traurigen Moment der Menschheit erfunden worden. Die meisten Menschen und Pferde jedoch leben nicht in einer wirklich glücklichen Beziehung miteinander, und es gibt viel zu viele Pferde, die als „Problempferde“ abgestempelt werden.

„Problempferd“? Oder eher das Ergebnis einer missglückten Verständigung zwischen Mensch und Tier? (Foto: Slawik)

Wäre mein persönlicher Pferdevirus nicht so stark gewesen, dann hätte ich mich als junges Mädchen, das sehr viel Zeit in der typischen deutschen Reitschule der Siebzigerjahre mit ihren dunklen Gitterboxen, fehlendem Auslauf und entsprechend mürrischen bis verhaltensauffälligen Pferden verbrachte und zudem von autoritären Reitlehrern zweifelhafter Kompetenz unterrichtet wurde, leicht für immer von den Pferden trennen können. Doch da war zugleich die konkrete Vorstellung, dass es auch irgendwie anders sein könnte. Es gab eine

Die Harmonie zwischen Mensch und Pferd – bei Kindern vorhanden, bei Erwachsenen nicht selten verloren gegangen. (Foto: Wentscher)

andere Pferdewelt, die meine Liebe zu Pferden und den Wunsch förderte, sooft wie möglich mit ihnen zusammen zu sein.

Ich hatte das Glück, einen Teil meiner Kindheit in einer ländlichen Gegend verbringen zu dürfen. Auf der anderen Straßenseite meines Elternhauses gab es eine Wiese, auf der eine Herde von etwa 15 Ponys lebte. Mit diesen Tieren verbrachte ich meine gesamte Freizeit. Ich hatte damals überhaupt keine Ahnung von Pferden, aber glücklicherweise auch keine Angst.

Dass alles immer so friedlich und harmonisch schien, ist meine lebendigste Erinnerung. Durch die lang gezogene Wiese floss ein kleiner Bach, und am oberen Ende gab es ein paar Schatten spendende Bäume. Die Ponys grasten, tranken oder wedelten sich gegenseitig die Fliegen aus dem Gesicht, sie dösten, und die Jüngeren tobten manchmal herum. Nach und nach traute ich mich, die kleinen Pferde zu kraulen und zu streicheln, wenn sie zu mir kamen, und niemals vergesse ich, wie sie meinen Geruch aufnahmen und ihre Münder vorsichtig in meinen Haaren versenkten.

Mit dem Umzug in eine Kleinstadt waren diese friedvollen Nachmittage dann abrupt beendet. Aber die Liebe zu den Pferden und die schönen Erinnerungen an die Ponys sind mir auch über die Reitschulzeit hinaus erhalten geblieben. Mein Wunsch, Pferde gewaltfrei und in Harmonie auszubilden, entspringt diesen persönlichen Erlebnissen in der Kindheit. Es ist mein innerster Wunsch, diese Ruhe und Harmonie, die damals auf der

Ponykoppel herrschte, in die heutigen Ställe zu bringen, in denen es zu viele mürrische und frustrierte Menschen und Pferde gibt, die längst nicht die Freude an der Sache haben, die sie haben könnten.

Sie und ich haben es in der Hand, und es ist unsere Entscheidung als für uns selbst verantwortliche Menschen, ob wir auch mürrisch und frustriert mit unseren Pferden sind oder Spaß und Freude mit ihnen haben. Sie, lieber Leser, haben bereits einen wichtigen Schritt getan, indem Sie jetzt dieses Buch in den Händen halten und Ihr aktives Interesse daran dokumentieren, in einer glücklichen und harmonischen Freundschaft mit Ihrem Pferd zu leben. Indem Sie mit gutem Beispiel vorangehen, Ihr Pferd konsequent gewaltfrei und mit viel wirkungsvollem Lob trainieren und sich möglicherweise auch gegen übliche Normen in Ihrem Stall auflehnen, machen Sie einen erheblichen Unterschied. Sie bieten anderen Menschen eine echte Orientierungshilfe und verbessern nicht nur die Lebensqualität Ihres eigenen Pferdes, sondern möglicherweise auch das Leben anderer Pferde.

Wir alle wünschen uns sensible, fein zu reitende, gut gymnastizierte Pferde, die möglichst unempfindlich auf Stressfaktoren reagieren und stets willig und freudig mit uns bei der Arbeit sind. Ich verspreche Ihnen, dass dieses Buch Ihnen einen klaren Weg aufzeigt, um diesem Ziel deutlich näher zu kommen!

Um ein tadelloses Mitglied einer Schafherde sein zu können, muss man vor allem ein Schaf sein.

Albert Einstein

Foto: Wentscher

Was macht einen Pferdeliebhaber zum Horseman?

Und was macht all die passionierten Pferdefrauen zu echten Pferdekennerinnen und erfolgreichen Amazonen?

Um mit Pferden erfolgreich und in größtmöglicher Harmonie zu arbeiten, bedarf es gewisser Fertigkeiten des Trainers. Er sollte sich stets so verhalten, dass die Rangordnung geklärt ist und vom Pferd auch nicht hinterfragt werden muss. Perfektes Timing im Umgang und bei der Arbeit gehören ebenso dazu wie Kenntnisse über spezifische psychologische und kommunikative Prozesse des Pferdes. Erfolg mit Pferden ist planbar – davon bin ich persönlich überzeugt. Aber es gehören auch eine große Passion und Fokussiertheit dazu sowie die Erkenntnis, dass man niemals auslernt.

Ich bin seit vielen Jahren täglich mit Pferden zusammen, habe sie genau studiert und tue dies heute noch ständig. Es gibt für mich kein schöneres Ende eines Tages, als am Rande einer Koppel oder eines Auslaufes zu stehen und eine Gruppe von Pferden zu studieren. Ich sage ganz bewusst „studieren", denn ich betrachte die Pferde nicht nur, sondern analysiere zugleich, was und warum etwas passiert und was vermutlich als Nächstes passieren wird.

Genauso funktioniert es selbstverständlich auch in Reithallen bei der täglichen Arbeit oder auf Turnieren. Als aufmerksamer Beobachter können Sie an einem einzigen Abend in einer x-beliebigen Reithalle eine Menge über Pferde und ihre Reaktionen erfahren, wenn Sie lernen, die Situation analytisch zu betrachten und Ihr Auge für kleinste Details zu schulen. Immens wichtig ist es, die richtigen Ausbilder zu finden, was an sich schon ein Problem darstellen kann ...

Das Beobachten einer Pferdeherde – lehrreich und einfach schön. (Foto: Wentscher)

Bevor es zu so heftigen Reaktionen kommt, haben die Pferde meist schon diverse Signale geschickt, um ihre Not mitzuteilen – doch wahrgenommen wurden sie nicht. (Foto: Wentscher)

In den allermeisten Fällen haben erfolgreiche Reiter eine Menge Zeit und Hingabe investiert, bevor sie sich auf dem Siegertreppchen einfinden konnten. Nehmen wir einen wunderbaren, erfolgreichen Pferdemann wie Klaus Balkenhol. Sie und ich sind uns vermutlich einig, dass sich seine reiterlichen Leistungen nicht daraus ergaben, dass er zweimal in der Woche ausritt und dabei fortwährend mit dem Handy telefonierte.

Sensibilität entwickeln

Pferde sind emotionale Tiere, die vorwiegend nonverbal kommunizieren und keine Zukunftsplanung betreiben. Unser komplexes Denken macht es uns schwer, uns auf die im Vergleich stark limitierten Denkstrukturen des Pferdes einzulassen und uns anzugewöhnen, die Welt mit den Augen des Pferdes zu betrachten. Seit dem Kleinkindalter sind wir daran gewöhnt, unser Hauptaugenmerk auf gesprochene Wörter zu legen; nun sind wir gefordert, den mehr oder weniger subtilen nichtsprachlichen Signalen des Pferdes Beachtung zu schenken. Diese nonverbalen Zeichen wahrzunehmen und richtig einzuordnen ist die wichtigste Voraussetzung dafür, mit Pferden erfolgreich kommunizieren zu können und sie verstehen zu lernen.

Im Grunde bin ich froh über die ganzen „Problempferde", die ich kennen lernen darf, denn sie zeigen mir, dass es Pferde gibt, die lebendig in ihrer Ausdrucksweise bleiben und nicht abstumpfen und resignieren – von diesen Exemplaren gibt es leider ebenfalls eine riesige Anzahl.

Die so bezeichneten „Problempferde" haben oft eine große Anzahl kommunikativer Signale und Gesten vorausgeschickt, mit denen sie sich mitgeteilt haben. Doch die Menschen haben diese feinen Zeichen nicht erkannt und dementsprechend auch nicht darauf reagiert. Infolgedessen war das Pferd gezwungen, immer „lauter" zu werden, um schließlich doch gehört zu werden – zum Beispiel durch Beißen, Steigen, Buckeln, Auskeilen, vermehrtes Scheuen, gesteigerte Nervosität, Aggressivität oder diverse „Unarten".

Für viele Menschen sind dies Gründe, sich von dem „Problempferd" zu trennen und es durch ein neues, „besseres" Pferd zu ersetzen. Nur allzu wahrscheinlich werden nach einer Weile erneut ähnliche Frustrationen und Missverständnisse entstehen …

Ein perfekt funktionierendes Pferd gibt es ebenso wenig wie einen perfekten Menschen. Jedes Pferd bringt aufgrund seines spezifischen Charakters seine eigenen Herausforderungen mit, auf die der Mensch in versierter und verständiger Form eingehen muss. Für echte Pferdeliebhaber ist es unumgänglich anzuerkennen, dass Pferde ehrliche, direkte und „redliche" Geschöpfe sind, die bei selbstkritischer Betrachtung unsererseits stets einwandfreie Gründe für ihr Verhalten nennen könnten.

Wenn Sie jetzt innerlich protestieren, möchte ich Ihnen nachhaltig versichern, dass Sie niemals das „Opfer" in der Beziehung zu Ihrem Pferd sind. Bei einer solchen Einstellung übertragen Sie Ihre eigene Kraft und die Verantwortung für sich selbst auf Ihr Pferd. Solange Sie sich in der „Opferrolle" gefangen halten, werden Sie keine Verbesserungen in Ihrer Beziehung zu Pferden erreichen können.

Zehn Leitsätze für den Umgang mit dem Geschöpf Pferd

1. Jedes Pferd, das jemals geboren wurde, ist ein perfektes Pferd. Kein Pferd wurde jemals dazu geboren, Menschen zu frustrieren, zu ärgern oder zu verletzen.

2. Es ist einzig und allein der Einfluss des Menschen und die Reaktion des Pferdes auf die jeweilige Behandlung, die das Pferd nötigen, Widerstand zu zeigen, kein Vertrauen zu haben oder Menschen nicht zu mögen.

3. Es gibt kein einziges böses oder charakterlich schlechtes Pferd. Es gibt viele sensible Pferde, die sich zu gewissen Dingen nicht zwingen lassen wollen. Es gibt misshandelte Pferde, die gelernt haben, Menschen zu meiden, und große Angst vor ihnen haben. Es gibt Pferde, die ihrem Besitzer in Fragen des Überlebens nicht vertrauen und sich deshalb nicht von ihrer Herde trennen lassen. Es gibt Pferde, die die Spannung(en), die ihre Besitzer ausstrahlen, nicht ertragen können und sich gegen sie wehren. Es gibt Pferde, die niemals gelernt haben, dass sie einem Menschen so trauen können wie einem Freund.

4. Alle Pferde sind verschieden. Es gibt keine zwei Pferde, die dieselben mentalen Möglichkeiten, dieselbe emotionale Vorbildung oder Persönlichkeit besitzen. Aber jedes Pferd benutzt ungefähr die gleichen Mechanismen, um vertrauensvolle, intime und harmonische Beziehungen zu anderen Pferden und Menschen zu entwickeln.

5. Wenn man seine Vorstellungen über das soziale Leben der Pferde auf Dominanzverhalten, hierarchische Ordnung und Unterwürfigkeit limitiert, beschränkt man seine eigene Persönlichkeit in der Arbeit und generell im Umgang mit Pferden.

6. Die Schlüssel zu einer wahrhaft erfolgreichen Partnerschaft zwischen Mensch und Pferd sind der Respekt vor dem Pferd und das Verständnis für die Emotionen und Instinkte, die das Leben des Pferdes bestimmen.

7. Ein Pferd kann niemals unser „Ein und Alles" sein, Pferde bleiben bei aller Liebe zu Menschen trotzdem immer nur Pferde mit ihren ureigensten spezifischen Bedürfnissen. Sie können niemals erfolgreich Ersatz für Kinder oder Lebenspartner sein – in dieser Rolle sind sie überfordert, und sie wird ihrer Persönlichkeit auch nicht gerecht.

8. Wenn wir ein Pferd als Sklaven unserer Eitelkeiten und Bedürfnisse behandeln oder betrachten, als ein Objekt, das gemäß unseren Ansprüchen zu agieren hat, dann eliminieren wir den ursprünglichen Zauber und die Faszination dieser noblen Spezies und unserer gemeinsamen Bindung.

9. Wenn die Arbeit und das Zusammensein mit dem Pferd keine Freude mehr bereiten, ist es ratsam, die Situation zügig zu evaluieren und alle Aspekte in Erwägung zu ziehen, die helfen könnten, den Zustand zu verbessern, bevor die Beziehung zum Pferd ernsten Schaden nimmt oder die frustrierte Stimmung chronisch wird.

10. Pferde sind zu wertvolle Freizeit- und Sportkameraden, als dass man sich dazu herablassen sollte, im Umgang oder Training mit ihnen Gewalt anzuwenden.

Soziales Wesen: Das Pferd und sein Verhalten

Die soziale Interaktion zwischen Pferden ist in den letzten Jahren Gegenstand einiger wissenschaftlicher Studien geworden – zum Glück für unsere Pferde, die von unserem neu gewonnenen Wissen über die sozialen Kompetenzen und Ansprüche des Pferdes profitieren. Menschen lernen, wie sie Pferde besser verstehen und sich besser mit ihnen verständigen können.

Bilder wie diese gibt es immer noch – aber sie werden zum Glück immer seltener. (Foto: Wentscher)

Kenntnisse über die Natur der sozialen Hierarchie bei frei lebenden Pferdeherden, Effekte der Domestizierung und über die spezifischen sozialen Bedürfnisse des Pferdes sind vertieft worden und haben dazu beigetragen, dass sich die Haltungsbedingungen der Pferde in menschlicher Obhut immer mehr verbessern.

Das Leben in der Herde

Es bestehen mindestens zwei verschiedene Formen möglicher Konstellationen innerhalb von Pferdeherden in der freien Wildbahn. Die eine Gruppe ist die Familiengruppe, die uns am besten vertraut ist. Sie besteht aus einem Leithengst und zumeist nicht mehr als zwei bis drei Mutterstuten mit ihrem Nachwuchs aus den letzten Jahren. Eine der Altstuten, die Leitstute, hat die meiste Erfahrung, kennt üblicherweise die besten Futterplätze, Wasserstellen, Mineralaufnahmequellen und Wälzplätze und bestimmt, wann, wo und wie lange gegrast und Wasser aufgenommen wird. Durch ihre ranghohe Position kann sie die anderen, rangniedrigeren Stuten, die zur selben Zeit paarungsbereit sind, vom Hengst abschirmen und so als Erste wieder trächtig werden. Durch diesen Vorzug bei der Paarung mit dem Hengst erreicht sie, dass sie das erste Fohlen im Frühjahr bekommt, das dann in seiner Entwicklung einen Vorteil gegenüber den später geborenen Fohlen hat.

In größeren Herden gibt es statt einer feststehenden Hierarchie zwischen den einzelnen Mitgliedern häufiger auch Kleingruppen, die entweder einen höheren oder niedrigeren Status innerhalb der Gesamtherde bekleiden, deren Mitglieder aber untereinander nur minimale bis gar keine Statusunterschiede haben.

Ist die Gruppe durch Raubfeinde oder andere Hengste in Gefahr, übernimmt der Leithengst die Aufgabe, seine Herde zu beschützen, indem er sie wegtreibt. Ganz bewusst ist hier von Leithengst die Rede, da es gar nicht so selten vorkommt, dass die Herde insgesamt größer ist und sich zwei Hengste in einer Herde befinden, zwischen denen aber eine eigene, klare Rangfolge besteht. Dabei wird der Leithengst die meisten Stuten dieser Herde decken und allgemein mehr für ihren Schutz sorgen, wohingegen der andere Hengst die rangniedrigeren Stuten deckt und sich mehr um die Erziehung des Nachwuchses bemüht als der Leithengst. Es gibt Studien, die zeigen, dass Stuten eher eine Herde verlassen, in der es nur einen Hengst gibt, und dass der stabilste Herdenverband durch mehrere Hengste in der Gruppe erzeugt wird.

Der zweite Herdentypus, die sogenannte Bachelor- oder Junggesellengruppe, setzt sich aus den Junghengsten und Hengsten zusammen, die noch keine eigene Herde haben. In ihrer ursprünglichen Familienherde wurden sie vom Leithengst nicht mehr akzeptiert, oder sie verlassen einfach deshalb den Herdenverband, weil sich in der Bachelorherde viel mehr potenzielle Spiel- und Raufpartner befinden. Auch für ehemalige Herdenanführer, die ihre Stuten an einen anderen Hengst verloren haben, bietet die Junggesellengruppe Schutz und soziale Interaktion.

Diese Junggesellengruppen leben zumeist in enger räumlicher Nähe zu Herden mit Stuten und warten so ständig auf die Gelegenheit, streunende Stuten zu erobern oder sie, während der Leithengst abgelenkt ist, heimlich zu decken oder sogar aus der Herde zu entführen. Daher sind diese Gruppen vor allem während der Paarungszeit einer hohen Fluktuation unterworfen.

In wild lebenden Pferdeherden bestimmt die Leitstute den „Alltag“, während der Leithengst die Aufgabe hat, die Herde zu beschützen. (Foto: Slawik)

Die sogenannte Junggesellengruppe gibt jungen Hengsten Schutz und Gelegenheit, ihre Fähigkeiten zu trainieren. (Foto: Slawik)

Die Rolle des Hengstes

Die Hauptaufgabe eines Hengstes in der Familiengruppe besteht im Zusammenhalten der Gruppe durch permanentes Überwachen der Stuten und des gemeinsamen Nachwuchses. Zum einen will er verhindern, dass er Stuten verliert, die einfach abwandern; zum anderen verteidigt er seine Gruppe gegenüber Raubfeinden und anderen Hengsten, die Stuten stehlen oder sich heimlich paaren, wenn der Hengst abgelenkt ist. Sein Erfolg als Leithengst besteht in der Fähigkeit, diese heimlichen Kopulationen zu verhindern. Dafür umkreist er seine Herde in einem Abstand von etwa zehn bis fünfzehn Metern, und in seinen Ruhepausen fällt er selten in den Tiefschlaf, sondern döst meist nur. Aus diesem Grund ist die Anzahl der Herdenmitglieder limitiert, denn je größer die Herde ist, desto schlechter kann sie erfolgreich gegen andere eindringende Hengste verteidigt werden. Vor allem während der ersten Rossigkeit der Stuten, etwa sechs bis zwölf Tage nach dem Abfohlen (Fohlenrosse), versucht der Hengst, seine Stuten von anderen Herden fernzuhalten, da die Stuten jetzt besonders fruchtbar sind.

Der Hengst treibt seine Stuten im Allgemeinen von hinten oder schräg hinten, während die Leitstute die Gruppe anführt. Beim

Treiben trägt der Hengst Kopf und Hals tief und nimmt die Nase nach oben, sodass Hals und Kopf eine fast waagerechte Linie bilden. Vom Hals ausgehend bewegt er seinen Kopf nun schlängelnd von einer Seite zur anderen oder auch von oben nach unten. Durch die nach hinten angelegten Ohren entsteht ein mäßig bis sehr aggressiver Eindruck. Die hohe, hengsttypische Knieaktion bleibt trotz des tief gehaltenen Kopfes erhalten. In dieser sogenannten Treibhaltung treibt der Hengst die Stuten bei Gefahr voran. Die Treibhaltung wird auch benutzt, um die Richtung zu verändern oder um eigene jugendliche Nachkommen oder unerwünschte Eindringlinge von der Herde zu vertreiben. Wird eine neue Stute oder werden gleich mehrere Stuten neu in die Herde integriert, treibt der Hengst sie auf diese Weise für die Dauer von bis zu drei Tagen vor sich her, um seine „Besitzansprüche" und die Rangfolge klarzustellen, während die Stuten, die bereits zu seiner Herde gehören, unbehelligt weitergrasen können. Auch Fohlen, die den Herdenanschluss verpasst haben oder von der Herde ausgebüxt sind, holt der Hengst mit der Treibhaltung zurück.

Während einige Studien vermuten lassen, dass sich die stabilsten Herdenkonstellationen ergeben, wenn ein zweiter subdominanter Hengst der Herde angehört, der nur etwa ein Viertel der Stuten decken darf, aber ebenfalls für die innere Sicherheit und Stabilität der Herde sorgt, geben andere Autoren an, dass es in Herden mit zwei Hengsten vermehrt zu aggressiven Auseinandersetzungen und dadurch bedingt zu einer reduzierten Anzahl von Fohlengeburten kommt. Studien an frei lebenden Herden in der Camargue haben gezeigt, dass die Sterblichkeitsrate von Fohlen aufgrund von Raubfeinden durch die Präsenz eines zweiten Hengstes in der Herde um 20 Prozent geringer ist als bei Herden mit nur einem Hengst.

Typische Treibhaltung eines Hengstes: Hals und Kopf sind nach vorn gestreckt und bilden fast eine Linie, die Ohren sind angelegt. (Foto: Slawik)

Generell ist der Leithengst mit den ranghohen Stuten seiner Herde innig verbunden und kann auch mit seinen Söhnen und Töchtern, solange diese nicht voll geschlechtsreif sind, viele spielerische und freundliche Interaktionen haben. Von manchen Autoren werden die spielerischen bis aggressiven Rangordnungsäußerungen eines Hengstes innerhalb seiner Herde auch damit erklärt, dass der Hengst die eigenen Nachkommen durch gezieltes Intervalltraining in Kondition hält. Vor allem körperlich schwächere Jungpferde werden hin-

Aufgrund des männlichen Geschlechtshormons Testosteron sind Hengste weniger ängstlich als Stuten und Jungpferde. (Foto: Slawik)

sichtlich größerer Biegsamkeit, besserer Gewichtsaufnahme auf der Hinterhand und offensiverer Kampfhaltung an Ort und Stelle einzeln vom Herdenchef gymnastiziert.

Bei plötzlicher Gefahr stellt sich der Hengst zwischen den Auslöser der Bedrohung und seine Herde, um sie abzuschirmen. Seine größere Aggressionsbereitschaft, hervorgerufen durch das männliche Geschlechtshormon Testosteron, macht ihn weniger ängstlich und furchtsam als die Stuten und Jungtiere. Gleichzeitig treibt er mit tief gesenktem Kopf und schwingenden Bewegungen vom Halsansatz aus die Herde aus dem Bereich der Gefahr heraus.

Dieses Verhalten kann auch auftreten, wenn ein Fohlen neu in die Herde hineingeboren wird. Indem der Hengst die neugierigen Herdenmitglieder von der Mutterstute und dem Fohlen vertreibt, haben die beiden in aller Ruhe die Möglichkeit, miteinander vertraut zu werden. Will der Hengst eine seiner Stuten decken, die er als paarungsbereit identifiziert hat, kann es vorkommen, dass er sie ebenfalls mit dieser Geste ein Stück weit von der Herde forttreibt.

Sobald ein anderer Hengst auf der Suche nach eigenen Stuten der Herde zu nahe kommt, wird der Leithengst versuchen, diesen Rivalen zu vertreiben und durch aggressives Heranstürmen zu verschrecken.

Es folgt eine Auseinandersetzung in Form eines ritualisierten Imponiergehabes, bei dem es vielfach auch bleibt, denn einem richtigen Kampf geht eine harte „Kosten-Nutzen-Rechnung“ für beide Seiten voraus. Ausschlaggebend für den Kampf um eine Ressource – sei es nun eine Stute, ein saftiges Stück Weideland oder jedwede andere für Pferde interessante Sache – ist der Faktor ihres Wertes oder die Wichtigkeit der jeweiligen Ressource für das einzelne Individuum und die potenzielle Möglichkeit, sie auch in Zukunft verteidigen zu können. Mögliche Verletzungen und durch Wunden verursachte Infektionen stehen auf der anderen Seite der Rechnung. Die „Kosten-Nutzen-Rechnung“ lässt sich anschaulich illustrieren, wenn man sich die Begegnung zweier Leithengste mit jeweils eigener Herde und im Vergleich dazu die Begegnung eines Leithengstes mit einem einzelnen Junggesellenhengst vorstellt. Im ersten

Fall ist ein richtiger Kampf, bei dem es zu schweren Verletzungen und möglicherweise sogar zum darauf folgenden Tod durch Raubfeinde kommen kann, reine Energieverschwendung. Stattdessen wird hier durch Imponiergehabe und eventuell ritualisierte Kämpfe, die jedoch nicht auf Verletzungen ausgerichtet sind, eine Rangfolge zwischen den Herden festgelegt.

Einer der beiden Hengste wird dann mit seiner Herde Platz machen oder beispielsweise an einer Wasserstelle mit seiner Herde „hinten anstehen“, ohne dass es zu ernsthaften Verletzungen gekommen ist.

Im zweiten Fall ist es schon wahrscheinlicher, dass sich ein ernsthafter Kampf entwickelt: einerseits, weil der Eindringling wenig zu verlieren hat, denn er ist allein und kann eventuell die ganze Herde erobern; andererseits, weil der Leithengst viel zu verlieren hat, nämlich seine gesamte Herde. Da er seine Herde auf das Aggressivste verteidigen wird, sind solche Kämpfe für den eindringenden Hengst selten erfolgreich – eigentlich nur dann, wenn der Leithengst gesundheitlich angeschlagen oder zu alt geworden ist.

Hengst trifft Hengst – viel Ritual, wenig Kampf

Die Interaktionen zwischen Hengsten bestehen hauptsächlich aus ritualisierten Verhaltensweisen (Displays), die eine Kombination aus Droh- und Imponierverhalten beinhalten.

So können tatsächliche Kämpfe und das mit ihnen verbundene Verletzungsrisiko vermieden oder zumindest stark eingeschränkt werden.

In vielen Fällen bleibt es bei ritualisiertem Imponiergehabe – ernsthafte Kämpfe zwischen zwei Hengsten sind eher selten. (Foto: Slawik)

Kraftprotz: Schon die Erscheinung des Hengstes schreckt manchen Herausforderer ab. (Foto: Slawik)

Diese Rituale setzen sich aus wiederkehrenden Sequenzen von Imponierverhalten zusammen:

1. Gegenseitiges Anstarren der stehenden Kontrahenten, manchmal begleitet von Wiehern, Schweifschlagen und Aufstampfen mit den Hufen.

2. Hohe Körperspannung, Halswölben und Schweifabspreizen, kräftiges und schweres Auffußen im Schritt, Piaffe- und Passagetritte, Erektion, unter Umständen mit Masturbation, Kot- und Urinabsetzen auf bestehende Dunghaufen, um damit den Eigentumsanspruch zu dokumentieren.

Wenn keiner nachgibt, nimmt die Aggression im Laufe der Begegnung zweier Hengste immer mehr zu – plötzliche gezielte Tritte eingeschlossen. (Foto: Slawik)

Die hohe Körperspannung des Hengstes ist wichtig, um dem Rivalen zu imponieren. (Foto: Wentscher)

3. Bei gegenseitiger körperlicher Annäherung intensive Geruchsaufnahme des Kontrahenten an Nüstern, Hals, Flanken, Geschlechts- und Analregion.

4. Grunzen und Quietschen als akustische Drohung, „Bodychecks" und Tritte mit den Vorderbeinen.

Etwa die Hälfte aller Begegnungen bei frei lebenden Hengsten endet bereits nach dem Ritual des Anstarrens, wenn beide wieder zu ihren jeweiligen Herden zurückkehren und durch vermehrtes Zusammentreiben den Führungsanspruch über ihren Harem demonstrieren. Viele Interaktionen dauern nur wenige Minuten, ausgeprägte Begegnungen können sich aber bis zu 90 Minuten hinziehen, bei denen einzelne Sequenzen des oben beschriebenen Rituals wiederholt auftreten.

Trennen sich die Kontrahenten nicht, wird die Intensität der Aggression immer größer und körperlicher. Ohne Vorwarnung kann einer der beiden plötzlich mit den Vorder- oder Hinterbeinen gezielt Schläge austeilen oder zubeißen.

Daraufhin kann es zur Flucht eines Hengstes oder zu einem Fluchtkampf kommen, und im weiteren Verlauf sind ernsthafte Kampfhandlungen mit Ansteigen, Beißen, Treten, Aufreiten, „Bodychecks" und Ringen möglich, die unterbrochen werden von ritualisierten Kampfhandlungen, bis ein klarer Sieger feststeht.

Die meisten Auseinandersetzungen ergeben sich aus einer zu geringen räumlichen Distanz zwischen zwei verschiedenen Herden und den herausfordernden Angriffen von Junggesellenhengsten, die die Verteidigungsstärke des Leithengstes auf die Probe stellen wollen.

Hormonelle Faktoren und Geschlechtsreife bei Hengsten

Schon in den ersten Lebenswochen demonstrieren Hengstfohlen das Aufreiten oder den Versuch desselben an ihrer Mutter, aber erst im Alter von ungefähr 28 Monaten gilt der Hengst in Bezug auf die Geschlechtsreife als erwachsen.

Studien an Wildpferden ergaben, dass 17 von 22 männlichen Tieren ihre Herde nach der Geburt eines Geschwisterfohlens verließen. Unter Umständen ist hierfür auch eine Knappheit der Ressourcen verantwortlich, sodass die aggressivmotivierten (agonistischen) Verhaltensweisen innerhalb der Gruppe so sehr ansteigen, dass einzelne oder mehrere Mitglieder gemeinsam abwandern, um sich andere Weidegebiete zu erschließen. Das Verhalten der jungen Hengste kann nach ihrer Trennung von der Ursprungsherde in zwei Stadien unterteilt werden. In der ersten Phase engagieren sie sich in erster Linie in sozialem Spiel und freundlichen Verhaltensweisen, wodurch die Bande innerhalb der Hengstgruppe gefestigt werden. Im zweiten Stadium beginnt der Versuch einer Hierarchiebildung, und der in der Rangfolge am höchsten stehende Junghengst wird versuchen, eine eigene Stutenherde zu erobern. Sehr oft lässt sich aber in Junggesellenherden keine eindeutige Rangordnung ausmachen.

Auch Flüchten will gelernt sein – und wird hier von den Junghengsten spielerisch trainiert. (Foto: Wentscher)

Eine klare Rangfolge ist beim Spiel zwischen Junghengsten zumeist nicht festzustellen. (Foto: Slawik)

Der Status eines Hengstes hängt sehr eng mit seinem Hormonspiegel, besonders mit dem Geschlechtshormon Testosteron, zusammen. Das Testosteron steigt im Laufe der Jahre an, bis eine eigene Herde erobert wird. Bei einigen Hengsten steht der Testosteronspiegel auch in direktem Zusammenhang mit der Größe der jeweiligen Herde. Dabei wird die Produktion der Hormone Testosteron und Adrenalin durch konkurrierende Hengste positiv beeinflusst, das heißt: Je größer der Konkurrenzdruck ist, desto höher steigen Testosteron- und Adrenalinspiegel des Leithengstes innerhalb der Familien- oder auch Junggesellengruppe und infolgedessen seine Aggressivität und Fruchtbarkeit. Dies gilt ebenso im umgekehrten Fall, wenn sich ein ehemaliger Leithengst einer Junggesellengruppe anschließt, weil er seine Herde an einen Rivalen verloren hat. Die Produktion von Testosteron und Adrenalin sinkt ab und es kommt zumeist zu einer vorübergehenden depressiven Phase aufgrund der hormonellen und sozialen Veränderungen.

Diese Erkenntnisse widersprechen der allgemeinen Meinung, man müsse Hengste stets isoliert halten, weil sie „von Natur aus“ aggressiv seien. Aggressivität und Fruchtbarkeit bei Hengsten werden durch die Hormone Testosteron und Adrenalin determiniert und unterliegen individuellen Schwankungen durch Einflüsse von außen.

Hengste müssen nicht grundsätzlich in Einzelhaft gehalten werden. (Foto: Slawik)

Die Rolle der Stute

Die Leitstute ist in der Herde diejenige Altstute mit der meisten Erfahrung. Sie führt die Gruppe an und regelt den Tagesablauf. Wird die Herde angegriffen und eine Flucht ist nicht ratsam, verteidigt sie mit den anderen ranghohen Stuten und dem Leithengst die Herde, die sich zu einem Kreis formiert, in dessen Mitte die Fohlen und Jährlinge geschützt werden.

Die Stuten sind untereinander oft eng sozial miteinander verbunden und halten auch zu ihren Töchtern eine lange und intensive Bindung; vergleichbares ist mit ihren Hengstfohlen, die bei der Geschlechtsreife oft abwandern, nicht möglich. Nur wenn Futterressourcen knapp sind, passiert es, dass bis zu 30 Prozent der erwachsenen Stuten einer Herde abwandern. Dabei verlassen kleine Gruppen von befreundeten und/oder verwandten Pferden die Ursprungsherde und werden dann üblicherweise schnell von einem neuen Hengst „adoptiert“.

Die Mutterinstinkte in frei lebenden Stutenherden sind intensiv ausgeprägt. Verwaiste Fohlen werden adoptiert und aufgezogen wie eigene Fohlen. Jungstuten, die noch keinen eigenen Nachwuchs haben, „helfen“ bei der Aufzucht der Fohlen (altruistisches Verhalten) und lernen so, selbst gute Mütter zu werden. Stuten beschützen einander, nehmen hochtragende Stuten in ihre Mitte und werden, wenn sie selbst kurz vor der Geburt stehen, ebenfalls von anderen Stuten bewacht.

Die enge soziale Bindung zwischen den Stuten einer Herde dient auch dem Schutz hochtragender Stuten vor Angriffen von Feinden. (Foto: Wentscher)

Dieser Hengst kennt seine Tochter und wird vermutlich bei ihrer beginnenden Geschlechtsreife nicht durch sie erregt. (Foto: Slawik)

Mutterstuten entwickeln ein untrügliches Gespür, um zwischen Fohlen- und Jungpferdespielen und flegelhaften Rangordnungsverstößen zu unterscheiden. Erstere werden liebevoll geduldet, während Aufsässigkeit gegen die bestehende Rangordnung unmissverständlich und konsequent geahndet wird. In der Regel gehen weidende Stuten vor ihren Fohlen, nur wenn die Herde wandert oder eine Gefahrensituation droht, werden die Fohlen beschützend zwischen den Stuten eingeschlossen.

Durch die Erfahrung des Zusammenlebens innerhalb der Herde sind die Risiken für Inzucht zwischen einem Hengst und seiner Tochter gering. Obwohl Inzucht sicherlich vorkommt, werden die meisten Hengste, die ihre Töchter kennen, durch sie nicht sexuell erregt.

In frei lebenden Herden wandern die Töchter bei Geschlechtreife meistens ab oder werden von einem anderen Hengst entführt, und in diesem speziellen Fall unternimmt der Leithengst keine großen Anstrengungen, um dies zu verhindern. Auch die Übernahme der gesamten Herde durch einen anderen Hengst ist möglich. Aus diesem Grund kommen auch Herdenkonstellationen mit zwei Hengsten vor und geben eine gewisse Stabilität: Aufgrund der beiden verschiedenen Genpools kann Inzucht vermieden werden.

Die Rolle der Fohlen und Jährlinge

In der natürlichen Herde sind die Jungtiere am wenigsten aggressiv und signalisieren den älteren Tieren in den meisten Fällen durch unterwürfiges (submissives) Verhalten, dass sie an Auseinandersetzungen und Wettbewerbssituationen mit ihnen nicht interessiert sind.

Die Fohlen spielen oft und erkunden neugierig die Umgebung, wenn sich die Herde in einer leicht zu überblickenden, offenen Landschaft zum Weiden oder Ruhen aufhält. Bei drohender Gefahr suchen die Fohlen und Jungtiere unverzüglich und rasch den Schutz ihrer Mutterstute.

Beim Spiel ist eine Rangordnung zunächst nicht entscheidend. Erst später, wenn aus Fohlen Jährlinge und Zweijährige werden und die Spiele insgesamt rauer werden, bildet sich auch zwischen den Jugendlichen eine Dominanzhierarchie heraus, die aber nicht statisch ist.

Die Jungstuten nehmen an diesen Auseinandersetzungen nicht teil, da sie ihren Rang innerhalb der Herde von ihren Müttern ererben. Solange das Fohlen bei Fuß läuft, hat es den Rang der Mutter, und wenn es älter ist, ist es im Rang gleich hinter der Mutter. Hat eine Stute mehrere Töchter aus verschiedenen Jahrgängen, sind diese oft miteinander befreundet, im Rang höherstehend ist jedoch zumeist das ältere und lebenserfahrenere der Geschwister. So sind neben dem ererbten Rang das Alter, die Lebenserfahrung und persönliche Fitness ebenfalls wichtige Faktoren innerhalb der weiblichen Rangfolge. Allerdings ist die Natur nicht so simpel, dass sich eine Rangordnung ausschließlich aus diesen Faktoren ermitteln ließe. Es gibt immer wieder Individuen, die eine größere Führungskompetenz entwickeln, und andere, die unter ihren ererbten Rang fallen.

So neugierig Fohlen auch sind: Bei drohender Gefahr sind sie immer nah bei der Mutterstute. (Foto: Wentscher)

Foto: Slawik

Warum Rangordnung sinnvoll ist

Um Unterlegenheit, Unterwürfigkeit – oder, wissenschaftlicher ausgedrückt, Submission – als ein wesentliches Merkmal eines funktionierenden Rangordnungssystems verstehen zu können, sollten wir uns zunächst die Gründe für ihr Vorhandensein genau anschauen.

Die Organisation des Zusammenlebens in einer Gruppe hat sich bei vielen Säugetieren (unter anderem auch beim Menschen) als sehr vorteilhaft bewährt. Vorteilhaft deshalb, weil der Schutz vor Raubfeinden und anderen Bedrohungen innerhalb einer gut organisierten

Gruppe besser und effizienter funktioniert. Pferde können relativ entspannt in einer Gruppe grasen, weil einzelne Wachposten abgestellt sind, die sorgsam auf Raubfeinde achten und den Rest der Herde sofort alarmieren, sobald eine mögliche Gefahr droht.

Die Organisation des Zusammenlebens in Gruppen stellt die Individuen aber auch vor eine Reihe von Herausforderungen. Es ist zum Beispiel nicht möglich, limitierte Ressourcen wie die besten Futterplätze und die vielversprechendsten Sexualpartner für jeden gleichermaßen demokratisch zur Verfügung zu haben. So kann zum Beispiel nicht jedes durstige Pferd einer Herde das erste an einer Quelle oder Tränke sein. Um banale Situationen wie diese so zu ordnen, dass es nicht zu einem Chaos kommt, etabliert die Herde eine Rangordnung zur Regelung ihrer inneren Struktur. Es wäre sehr kontraproduktiv für die Herde, wenn in diesen alltäglichen Situationen jedes Mal wilde Kämpfe ausbrechen würden: Erstens könnten dadurch Raubfeinde angelockt werden und im allgemeinen Chaos auch erfolgreich zuschlagen, und zweitens wären die Pferde einem steten, sehr hohen Verletzungsrisiko ausgesetzt. In beiden Fällen bedeutet dies eine Schwächung der ganzen Gruppe und damit der Spezies an sich.

Im Laufe der Evolution als Triebfeder erfolgreichen Lebens haben sich deshalb bei sozial lebenden Säugetieren kommunikative Zeichen und Signale der Aggression, Submission und Sympathiebekundung herausgebildet, die eine klare Verständigung zwischen den einzelnen Gruppenmitgliedern möglich machen.

Dieses Fohlen signalisiert seine Unterlegenheit gegenüber dem Hengst durch das „Schnappen". (Foto: Wentscher)

Sie ermöglichen die Etablierung einer definierten Rangfolge, aber auch die Herausbildung von Freundschaften oder Partnerschaften. Auch bei unseren Pferden sorgt diese Ordnung für einen geregelten Tagesablauf, der so ruhig wie möglich gestaltet ist. Pferde sind im Allgemeinen mit ihrem Status innerhalb der Herde zufrieden, wenn er nur klar definiert ist.

Einer wacht, die anderen können sich dem Fressen oder Ruhen widmen – ein wesentlicher Faktor für das Beutetier Pferd, in der Herde zu leben. (Foto: Slawik)

Früher wurde angenommen, dass ein einzelnes dominantes Pferd in der Herde die ganze Gruppe und deren soziale Organisation kontrollieren würde. Für diese Position wurde zunächst der Leithengst als chauvinistisch-patriarchalischer Anführer auserkoren. Weiterführende Studien ergaben jedoch, dass die Leitstute eher die dominante Position in der Herde innehat und darüber bestimmt, wann und wo Nahrung und Wasser aufgenommen werden. Heute ergibt sich ein noch wesentlich komplexeres Bild: Die Vorstellung eines einzelnen Anführers der Herde wird ersetzt durch eine deutlich differenziertere Struktur der Herdenorganisation mit unterschiedlichen sozialen Verantwortungen und wechselnden Hierarchien in verschiedenen Kontexten.

Ein Pferdeleben in der Herde – aus gutem Grund

Die wichtigste Aufgabe einer Spezies und damit auch unserer Pferde besteht darin, als Individuum an sich und als Art generell zu überleben und sich erfolgreich fortzupflanzen.

Pferde bilden Gruppenverbände mit klaren Rollenverteilungen und Verantwortlichkeiten, um das Überleben und die Sicherheit des Einzelnen zu optimieren. Für die konkrete soziale Organisation scheint darüber hinaus die Art und Beschaffenheit des Lebensraumes ausschlaggebend zu sein. Zur Illustration betrachten wir im Folgenden die sozialen Strukturen von zwei anderen Equiden, also engen Verwandten der Hauspferde, etwas genauer.

Das Grevyzebra (Equus grevy) und der Afrikanische Wildesel (Equus asinus) sind Tiere, die besonders territorial veranlagt sind. Hier hält ein Hengst ein festes Territorium unter Umständen über viele Jahre hinweg und verteidigt es äußerst aggressiv gegen eindringende Konkurrenten. Betritt eine Stute das Territorium eines Hengstes, verfällt jeglicher Anlass für einen Kampf. Stute und Hengst können sich ungestört von anderen Hengsten paaren, denn hier bestimmt allein das angestammte Territorium des Hengstes über den „Besitz“ der Stute. Diese Art der sozialen Organisation, die territorial strukturierte Fortpflanzung, wurde wahrscheinlich von frühen, primitiveren Formen der Equiden übernommen, die noch in Wäldern lebten.

Art und Beschaffenheit des Lebensraums bestimmen bei verschiedenen Zebraarten die unterschiedliche Ausgestaltung des Herdenverhaltens. (Foto: Boltshauser)

Weiterhin ist sowohl beim Grevyzebra als auch beim Afrikanischen Wildesel bemerkenswert, dass beide keinen sozialen Instinkt zur Etablierung länger andauernder Beziehungen entwickeln. Erwachsene Individuen leben entweder allein oder schließen sich in losen Gruppierungen, die stündlich wechseln können, zusammen. Die einzige längerfristige Beziehung wird zwischen einer Mutterstute und ihrem Fohlen eingegangen.

Das Pferd, das Steppenzebra und das Bergzebra hingegen formieren sich in Herdenverbänden aus mehreren Stuten mit ihrem Nachwuchs und zumeist einem Hengst, die über Jahre in ihrer Grundform erhalten bleiben können.

Der Unterschied in der sozialen Organisation der verschiedenen Spezies liegt demnach in ihrem unterschiedlichen Paarungsverhalten begründet. Entscheidend für das Paarungsverhalten sind wiederum die Verfügbarkeit von Ressourcen wie Wasser und Futter. Grevyzebra und afrikanischer Wildesel verteidigen ihre Territorien, während die anderen Zebraarten und unsere Pferde keine festen Territorien bewohnen, sondern ständig auf Wanderschaft sind, um genügend Nahrung und Wasser zu finden.

So wird die Ausbildung von Familiengruppen einerseits eine potenzielle Möglichkeit der sozialen Struktur, da kein fester Lebensraum bewohnt wird, und andererseits eine Notwendigkeit, da

Es ist in den Pferden instinktiv verwurzelt, Freundschaften und soziale Bindungen einzugehen. (Foto: Wentscher)

männliche Tiere mögliche Sexualpartner nicht dadurch „besitzen“ können, dass diese ihr angestammtes Territorium betreten. Andersherum betrachtet ist die Ausbildung sozialer Strukturen innerhalb der Pferdegemeinschaft eine Grundvoraussetzung dafür, sich frei bewegen zu können auf der Suche nach immer neuen Weidegründen und Wasserquellen.

Die Organisation im Herdenverband ermöglicht es den Pferden, trotz des steten Bedürfnisses nach freiem Umherziehen zwecks Nahrungsaufnahme soziale Bindungen einzugehen und sich erfolgreich fortzupflanzen. Das Paarungsverhalten funktioniert daher unabhängig vom Territorium.

Insofern ist es nicht verwunderlich, dass Pferde instinktiv lebenslang andauernde Beziehungen zu Artgenossen eingehen. Dieser Instinkt ist so stark ausgeprägt, dass er auch beim domestizierten Pferd in vielen verschiedenen Formen existiert. Unter den heutigen Haltungsbedingungen gibt es, größtenteils völlig unabhängig vom Paarungsverhalten, starke und innige Beziehungen zum Beispiel zwischen gleichgeschlechtlichen Individuen, oder auch enge Freundschaften zwischen Pferd und Ziege, Gans, Hund oder einzelnen Vertretern anderer Tierarten.

Abschließend können wir feststellen: Pferde haben eine soziale Lebensform im Herdenverband herausgebildet, um einerseits die Fortpflanzung bei dieser nichtterritorialen Lebensform zu gewährleisten und um andererseits den Genpool der Gruppe bestmöglich entwickeln und erhalten zu können. Die Vorteile des Herdenlebens sind langfristig größer als die Nachteile, die diese soziale Organisation für Pferde mit sich bringt.

Vorteile des Lebens in der Gruppe

- In einer Gruppe erhöht sich die Anzahl der potenziellen Empfänger (Rezipienten) von Gefahr, dadurch werden sich anschleichende Raubtiere eher wahrgenommen, was dem Schutz des Individuums förderlich ist. Zudem verteilt sich das Risiko einer Gefahr auf mehrere Tiere, sodass das einzelne Individuum größere Überlebenschancen hat. Gleichzeitig können auch fruchtbare Weidegründe eher entdeckt oder wiederentdeckt werden. Dadurch erhöht sich die Überlebenschance für alle Herdenmitglieder.
- Wenn ein Raubfeind ein bestimmtes Tier aus der Gruppe anvisiert, kann die Gruppe

den Angreifer attackieren und vertreiben. Entschließt sie sich zur Flucht, kann der Raubfeind die Spur des anvisierten Tieres im Getümmel schneller verlieren.

• In bestimmten Situationen erlaubt der Leithengst die Nähe eines anderen Hengstes. Durch die Kooperation von zwei Hengsten ist die Herde besser vor anderen streunenden Hengsten und Angreifern geschützt.

• Der Genpool der gesamten Gruppe ist besser geschützt, weil Waisenfohlen von anderen Müttern adoptiert werden können und sich die Stuten gegenseitig bei der Aufzucht der Fohlen und Jungpferde unterstützen. Auch Jungstuten helfen dabei, die Fohlen zu beaufsichtigen und zu erziehen, sammeln dadurch Erfahrungen und können selbst „gute" Mütter werden.

Menge gibt Sicherheit: Im Getümmel der Flucht verliert ein Angreifer leicht die Spur des anvisierten Opfers. (Foto: Slawik)

Nachteile des Lebens in der Gruppe

• Fohlen können durch andere Herdenmitglieder verletzt oder sogar getötet werden, wenn es zum Beispiel zu einer panischen Flucht kommt oder um Ressourcen gestritten wird.

• Der Konkurrenzkampf um jedwede Ressource wird intensiver und kann nur erfolgreich durch die soziale Organisation innerhalb der Herde kompensiert werden.

• Eine ansteckende Krankheit kann sich innerhalb einer Herde durch den intensiven Kontakt besser ausbreiten.

Soziale Organisation der Herde

Damit die soziale Organisation einer Herde funktioniert, muss es Mechanismen geben, die den Zusammenhalt in der Gruppe gewährleisten – Mechanismen, die die einzelnen Beziehungen innerhalb der Gruppe stabilisieren und erhalten.

Für die Stabilität der Gruppe ist es äußerst wichtig, dass jedes Mitglied einen klar definierten Status in der Herde hat. Die Verletzungsgefahr für alle minimiert sich deutlich, wenn tatsächliche Kampfhandlungen wie Beißen, Treten oder Rempeln durch bloße Andeutungen oder Androhungen ersetzt werden können.

Die Rangposition eines Herdenmitglieds ergibt sich auch aus seiner sozialen Kompetenz heraus. (Foto: Slawik)

Die Position des einzelnen Herdenmitglieds wird dabei durch mindestens zwei Faktoren bestimmt: Einerseits durch die soziale Kompetenz, also die Fähigkeit zur Bildung von Freundschaften – etwa durch die Initiative zur sozialen Fellpflege (Allogrooming) und das Beschützen des Partners vor anderen Herdenmitgliedern oder Eindringlingen (altruistisches Verhalten). Andererseits sind es die aggressiv motivierten (agonistischen) Verhaltensweisen, die ebenfalls bei der Etablierung einer Rangordnung eine Rolle spielen.

Wichtig in diesem Zusammenhang ist zu beachten, dass nicht immer derjenige, der „behauptet“, Chef zu sein, es auch reell ist.

Aggression wirkt nur dann, wenn sie auch beim „Empfänger“ ankommt – nicht jedes Pferd, das aggressive Signale aussendet, ist ranghoch. (Foto: Slawik)

Denn der jeweilige Empfänger einer aggressiven Verhaltensweise muss dies auch bestätigen.

In vielen älteren Untersuchungen wird das Hauptaugenmerk auf die Austeilung aggressiv orientierter Ausdrucksformen gelegt, um die Theorie der hierarchischen Herdenorganisation zu begründen. Manche Autoren berücksichtigen nicht nur die Häufigkeit aggressiver Signale, sondern zählen auch ganz genau, welches Pferd wie oft und in welcher Situation Ziel aggressiver Akte von den anderen Herdenmitgliedern ist. So ist es erklärlich, dass beim Nachdenken über Pferdegruppen und -herden oft als Erstes die Rangordnung als Hackordnung oder Dominanzhierarchie betont wird. Dieses Denkschema wurde vermutlich durch eine deutsche Studie aus dem Jahr 1913 über die Hackordnung bei Hühnern begründet – eine Theorie, die jahrzehntelang auf alle möglichen anderen Tierarten übertragen wurde, weil sie simpel und prägnant soziale Ordnungen zu umschreiben scheint.

Bilder wie diese zeigen: Das Herdenleben von Pferden ist vielschichtiger als das Modell der „Hackordnung". (Foto: Slawik)

Wollen wir jedoch das soziale Leben der Pferde genauer anschauen, können wir uns mit der Betrachtung unter rein hierarchisch strukturierten Aspekten nicht zufrieden geben. Denn dies würde auch voraussetzen, dass Pferde einem ständigen Konkurrenzkampf ausgeliefert sind, der in dieser Form gar nicht vorhanden ist. Es gibt sicherlich Konkurrenz um Ressourcen innerhalb einer Herde und zwischen Herdenverbänden, vor allem unter schlechten klimatischen Bedingungen. Im Allgemeinen aber müssen Pferde nicht um ein paar Grashalme oder um knappe Wasserreserven kämpfen, und in der freien Wildbahn finden sich zudem kaum enge Durchlässe, wo darum gestritten werden muss, wer als Erster hindurchgehen darf. Daher ist die Sichtweise einer rein aggressionsgesteuerten und hierarchischen Struktur innerhalb der Pferdeherde recht einseitig und durch diese Ungenauigkeit wissenschaftlich nicht korrekt. Auch hat sich nicht bestätigt, dass die größten oder schwersten Pferde oder solche, die andere oft attackieren,

Soziale Bindungen sind wesentliche Faktoren für das Funktionieren einer Herdenstruktur. (Foto: Slawik)

die Leittiere einer Herde sind. Forschungen haben gezeigt, dass aggressiv veranlagte Tiere auch nicht intelligenter oder lernbegabter sind als andere, friedfertigere Individuen.

Aggressives Verhalten ist also nicht der Hauptregulator für erfolgreiches Leben innerhalb einer Herdenstruktur, in der gar nicht so viele Konflikte auf täglicher Basis gelöst werden müssen. Daher können wir annehmen, dass viel eher ein Verhalten, das Aggressionen eindämmt (Submission), und soziale Kompetenz im Sinne von Freundschaftsbindungen und Familienzugehörigkeit die grundsätzlichen Faktoren sind, die eine Herde im Kern zusammenhalten.

Soziale Organisation bei Pferden in menschlicher Obhut

Pferde in menschlicher Obhut sind in Ställen, auf Weiden und in Paddocks selten in ihrer Familienstruktur zu beobachten. Sie setzen sich meist aus Individuen völlig unterschiedlicher Herkunft zusammen und sind hinsichtlich Alter, Größe und Gewicht gänzlich verschieden. Umso erstaunlicher ist die Tatsache, dass Pferde dennoch, wenn es ihnen möglich ist, mit fremden Pferden lebenslange innige Freundschaften eingehen. Der Hang zu sozialem Leben ist unverkennbar vorhanden. Allerdings ist ganz klar zu beobachten, dass die Bereitschaft zu aggressiven Auseinandersetzungen innerhalb der Gruppe höher ist, weil die Möglichkeit zur Flucht oder völligen Abwanderung in Paddocks und auf Weiden sehr limitiert beziehungsweise unmöglich ist. Da sich die Pferde einen aus ihrer Perspektive engen Lebensraum teilen müssen, steigt die Aggressionsbereitschaft generell an.

Auch die zeitweise oder ständige Einzelhaltung zieht eine gesteigerte Aggressionsbereitschaft nach sich, da ein von Artgenossen isoliertes Pferd das soziale Leben nicht erlernen oder ausreichend praktizieren kann. Die Aggressivität entsteht hier fast ausnahmslos aus sozialer Unsicherheit (Deprivation) heraus.

Schafft man darüber hinaus künstliche Konkurrenzsituationen, indem man zum Beispiel mit Leckerchen oder einem Futtereimer eine

Pferdeweide betritt oder wenn mehrere Pferde einen engen Durchgang passieren, tritt aggressives Verhalten verstärkt auf. Dominanzhierarchien sind also eher das Ergebnis unserer „modernen" Haltungsbedingungen beziehungsweise unserer speziellen Sichtweise, wenn wir Pferde beobachten und ihre soziale Organisation ausschließlich als „Hackordnung" begreifen.

Es entspricht dem natürlichen Verhalten des Pferdes, freundschaftlich orientierte Beziehungen einzugehen und die Bereitschaft mitzubringen, anderen zu folgen. Generell sind also ein großes Verständnis und Begabung für Kontaktaufnahme und die Erhaltung und Etablierung freundschaftlicher Bindungen vorhanden. Daher haben einige Forscher vorgeschlagen, dass nicht nur die aggressiven und unterwürfigen Aktionen innerhalb einer Herde dokumentiert und verwertet werden sollten, sondern auch alle Aktionen, die der friedfertigen Kontaktaufnahme und sozialen Bindung zuzurechnen sind.

Beobachtet man mehrere Pferde, die in einem Herdengefüge auf einer Weide oder einem Auslauf zusammen untergebracht sind, unter diesen drei Gesichtspunkten, wird schnell klar, dass die Rangordnung bei Pferden niemals linear von oben nach unten verläuft. So dominiert Pferd 1 zwar Pferd 2, nicht aber Pferd 3. Daraus ergibt sich eine relativ komplexe Herdenstruktur – vor allem dann, wenn wir die Hierarchie auch unter bestimmten Kontexten berücksichtigen: Wer ist der Erste an der Tränke? Wer betritt den Unterstand zuerst?

Dieser Ausdruck von Unsicherheit kann sozial bedingte Ursachen haben. (Foto: Slawik)

Platzmangel steigert die Aggressionsbereitschaft. Foto: (Wentscher)

Wer verteidigt die Herde vor Eindringlingen wie zum Beispiel Hunden?

Es ist äußerst interessant, eine Herde oder Gruppenzusammenstellung unter diesen Aspekten zu studieren. Einige Forscher haben auch herausgefunden, dass es unter den Pferden solche gibt, die häufiger Sender von Nachrichten emotionalen Gehaltes sind, während andere Pferde eher weniger „senden", dafür aber umso öfter Signale empfangen. Dies ist ebenfalls ein wichtiger Aspekt bei der Beobachtung von Pferden und der Beurteilung ihrer sozialen Kompetenz.

Der Hengst in der Obhut des Menschen

Das „normale" beziehungsweise ideale Leben eines Hengstes haben wir bereits skizziert (siehe ab Seite 20) – angesichts der dortigen Erkenntnisse wird uns schnell klar, dass das Leben eines in Isolation aufgestallten Hengstes davon weitgehend entfernt ist. Wo immer Hengste gehalten werden, sollten die äußeren Bedingungen so wenig wie möglich vom oben skizzierten Bild abweichen, wobei hier ebenfalls hinzugefügt werden muss, dass es nicht jedes männliche Tier in Freiheit schafft, einmal eine eigene Herde zu führen. Die Evolution hat dafür die Intelligentesten und zuweilen auch Stärksten (charakterlich und physisch) auserkoren, um die besten Gene einer Art möglichst häufig zu reproduzieren.

Hengste, die außer zum Deckeinsatz keine Stuten kennen lernen dürfen, entwickeln sehr oft problematisches Verhalten, da sie ihr Sozialleben weder erlernen noch ausüben dürfen. Als hochsoziale Wesen, deren Zärtlichkeit rührende Formen annehmen kann, sind sie für ein Leben in Einzelhaltung nicht gemacht. Daher haben viele Hengste, die ohne Herde oder zumindest intensiven Kontakt zu Artgenossen gehalten werden, ein enorm hohes Frustpotenzial, was sich in einer zum Teil erheblich gesteigerten Aggressivität äußert.

Um den Bedürfnissen und Eitelkeiten des Menschen gerecht zu werden, werden Hengste (und natürlich auch andere Pferde) unter sozial deprivierenden Bedingungen gehalten, die ihnen keine Möglichkeiten bieten, unter Artgenossen leben und damit ihrer Natur folgen zu können – und werden so zu „unsozial" agierenden Individuen.

Dabei ist die Einhaltung einer Rangordnung auch im Gehirn des Hengstes bereits genetisch verankert, und er wird sich nur selten gegen die Entscheidungen einer versierten und erfahrenen Leitstute auflehnen oder gegen einen aggressiven, mutigen und starken Junghengst, dessen Zeit gekommen ist, eine Herde zu führen, wenn parallel dazu die eigene Kraft und Fitness deutlich nachgelassen haben. Es ist möglich, aber nicht immer unproblematisch, auch Hengsten ein artgerechtes Leben in der Obhut des Menschen zu bieten, wenn sie schon als Fohlen und Jungpferd Sozialverhalten innerhalb einer Herde erfahren und erlernen konnten. Dieser Herdenverband kann aus einigen Stuten bestehen, wenn diese gedeckt werden sollen, oder aber aus anderen Hengsten und Wallachen. Ausschlaggebend für den Erfolg einer solchen Haltung sind die bisherigen Erfahrungen des Hengstes. Wurde ihm die Möglichkeit gegeben, Herdenverhalten zu lernen und soziale Kompetenz zu erlangen, kann er erfolgreich innerhalb einer Herde leben, ohne dass das Verletzungsrisiko für die anderen Pferde ansteigt.

Ist dies nicht der Fall, kann man durch einfühlsames und kompetentes Management dafür sorgen, dass der Hengst Sozialverhalten neu oder wieder erlernt, wenn er mit sehr erfahrenen, dominanten Pferden zusammen sein kann, die ihm helfen, die Spielregeln des Zusammenlebens zu praktizieren.

Viele Hengste bekommen, um gut auszusehen und erfolgreich zu decken, protein- und energiereiches Futter, das sie besonders fit und kräftig macht. Sie haben aber selten die Möglichkeit, diese Energie positiv abzureagieren, was wiederum durch Triebstau zu Frust führen kann und dann ein teilweise erhebliches Verletzungsrisiko für andere Pferde und auch den Menschen birgt. Hengste, die nicht gekört wurden, sollten nicht zum Deckeinsatz kommen, da es schon genug Pferde in schwierigen und schweren Lebenssituationen gibt, die aufgrund physischer oder psychischer Mängel für den Menschen einen geringen Wert haben. Ausdrucksstarke, „schöne" und gesunde Pferde mit angenehmem Charakter haben oft ein wesentlich besseres Leben zu erwarten als „verbaute" Tiere zweifelhafter Herkunft.

Hengste sind hochsoziale Wesen – bei nicht artgerechter Haltung werden sie oft sehr aggressiv. (Foto: Slawik)

Hengste zusammen mit Wallachen zu halten kann funktionieren, aber auch sehr problematisch sein. Ein Wallach ist ein vom Menschen erzeugtes „Kunstprodukt", das in der freien Wildbahn nicht vorkommt – daher ist der Umgang mit diesem Neutrum im Sozialverhalten des Hengstes auch nicht formatiert. Wenn ein Hengst mit Wallachen und deren spezifischen Verhaltensweisen vertraut ist, ist die Chance umso größer, dass ein friedvolles Zusammensein auf lange Sicht möglich ist.

(Foto: Slawik)

Pferd und Mensch in der sozialen Interaktion

Probleme kann man niemals mit derselben Denkweise lösen, durch die sie entstanden sind.

Albert Einstein

Die allermeisten Pferde leben meinen Beobachtungen nach mit „ihren“ Menschen in einer stets ungeklärten Rangfolge. Dies ist für beide Seiten oft unbefriedigend und begünstigt generell die Entstehung ernsthafter Probleme. Dass es so oft scheinbar „gut geht", liegt einerseits an dem sehr noblen Charakter der Pferde (sie „verzeihen" oft, vergessen aber selten!) und andererseits daran, dass viele Menschen überhaupt nicht wahrnehmen, wie ungeklärt die Beziehung in Fragen der Rangfolge zu ihrem Pferd ist. Denn oft kommt es erst in Extremsituationen – zum Beispiel beim Verladen – zu Schwierigkeiten, die die ungeklärte Rangordnung offenbaren. Und dann wird ein problematisches Verhalten des Pferdes meist seinem Charakter oder seinen früheren Erfahrungen zugeschrieben und damit keine Verbindung zwischen dem momentanen menschlichen Verhalten und dem Verhalten des Pferdes wahrgenommen.

In außergewöhnlichen Situationen wie zum Beispiel beim Verladen wird die ungeklärte Rangfolge zwischen Mensch und Pferd offensichtlich. (Foto: Slawik)

Dies geschieht keinesfalls aus böser Absicht! Es ist nur zu verständlich, wenn man sich überlegt, wie wenig Wissen über die Kommunikation und das Verhalten der Spezies Equus gelehrt wird. Nicht umsonst haben sich viele Pferdeliebhaber alternativen Reitweisen und Ausbildungsmethoden zugewandt, weil die durchschnittliche deutsche Reitschule leider fast ausschließlich die eher technisch orientierte Seite des Reitens lehrt und fördert.

Viele Reiter und Pferdeliebhaber vermenschlichen ihre Pferde bewusst oder unbewusst, und jeder überträgt seine erlernten Beziehungsmuster auf das Pferd und lebt sie mit ihm aus. Viele Frauen, so erscheint es mir zuweilen, kommt es gelegen, dass sie mit ihrem Pferd ständig (auf mehr oder weniger liebenswerte Weise) herumstreiten müssen und es „zur Ordnung rufen müssen". Sehr entgegen kommt uns auch, dass wir an unseren Pferden, die aus ihren natürlichen Lebensräumen herausgerissen, gezähmt und in für uns praktisch angelegten Stallanlagen untergebracht sind, unseren Mutter- und Umsorgungsinstinkt ausleben können. Derartig unselbstständig gemacht, sind unsere Pferde heute auf unsere Fürsorge angewiesen, und wenn das Pferd am Ende noch Pferd bleiben darf, ist dagegen auch nichts einzuwenden. Wer Pferde in freier Wildbahn beobachten durfte, weiß, dass die Pferde uns für ihr Überleben und ihre geistige Gesundheit sicher nicht bräuchten – wohl wir aber sie.

Und das ist auch gut so. Würden wir Pferde nicht so sehr schätzen, wären sie wohl spätestens seit der Industrialisierung nur noch mit wenigen Exemplaren im Zoo zu bewundern. Heute gibt es so viele Pferde und Rassen auf der Welt wie vermutlich noch niemals zuvor in der fast 60 Millionen Jahre währenden Evolution von Equus Caballus, unserem Hauspferd.

Es ist für mich eine stete Freude zu entdecken, dass es überall, in noch so entlegenen Winkeln der Erde, Pferde gibt. Das Unschöne daran ist, oft genug erkennen zu müssen, dass Pferde und Menschen miteinander nicht glücklich sind, weil sie einander zu wenig kennen, um eine harmonische, erfolgreiche (Ver-)Bindung einzugehen, die beide Seiten beglückt und befriedigt.

Ihr Pferd weiß nicht, wie teuer die Gamaschen waren – und es wird auch nicht entsprechend „dankbar" sein. (Foto: Wentscher)

Wir alle streben nach einer freundschaftlichen und partnerschaftlichen Beziehung zu unserem Pferd – mit Ausnahme vielleicht der wenigen, hoffentlich aussterbenden Menschen, denen es eine zweifelhafte Befriedigung verschafft, auf einer vor Angst schlotternden oder völlig verspannten Kreatur zu sitzen, die zum Befehlsempfänger degradiert wurde. Die meisten Frauen und auch Männer, die mit Pferden umgehen, haben jedoch generell nicht so den Drang zu dominieren und verhalten sich meist eher nach dem Motto: „Bist du nett zu mir, bin ich nett zu dir."

Dies ist natürlich vom Prinzip her richtig und lobenswert – aber eine ganz wichtige Komponente in der Psychologie des Pferdes wird dabei völlig ausgeblendet: Für das Pferd ist es überlebenswichtig zu wissen, wer die Verantwortung für das Überleben der aus Mensch und Pferd bestehenden Zweierherde übernimmt. Obwohl Pferde in sicheren Stallanlagen untergebracht und Säbelzahntiger ausgestorben sind, obwohl sämtliche anderen potenziellen Raubfeinde außer dem Menschen von der Bildfläche verschwunden sind, ist das Pferd nach wie vor ein Fluchttier, dessen Instinkte auch heute noch absolut intakt geblieben sind.

Lebensbedrohliche Raubfeinde sind ausnahmslos durch Traktoren, Mülltonnen, Plastikfolien, Blumenkästen, auffliegende Vögel und jedes andere potenziell „gefährliche" Objekt oder Geräusch ersetzt worden – an ihnen trainiert das Pferd quasi seine Instinkte und hält sie intakt.

Es ist nützlich, sich zu vergegenwärtigen, dass Pferde erst seit circa 6000 Jahren in unserer Obhut sind und trotz ihrer enormen Adaptionsfähigkeit immer noch jederzeit verwildern könnten. Dank ihrer feinen Sinne und ihrer Instinktsicherheit hätten sie auch absolut reelle Überlebenschancen.

Ich plädiere dafür, diese enorme Instinktsicherheit anzuerkennen und sie dem Pferd positiv zuzubilligen, anstatt sich darüber zu ärgern, dass ein Pferd zuweilen scheut oder erschrickt. Wenn Sie sich vorstellen, wie viele Pferde es gibt, die außer ihrer Box, der Stallgasse und der Reithalle nichts kennen, und diese Pferde könnten, wenn sie freigelassen würden, draußen zu ihrem ursprünglichen Leben zurückfinden und es meistern – was für eine Leistung!

Das Pferd sorgt sich also aktiv um sein Überleben, und seine gut entwickelten Sinne helfen ihm dabei. Ihm ist nicht bewusst, dass seine natürlichen Raubfeinde nicht mehr existent sind. Wir Menschen sind auch nicht in der Lage, dem Pferd intellektuell zu vermitteln, dass sein Leben nicht bedroht ist. Dafür haben wir andere Möglichkeiten, ein scheues und schreckhaftes Pferd zu einem „bombensicheren“ Freizeitkameraden zu machen.

Das Pferd ist nach wie vor ein Fluchttier und darauf angewiesen zu wissen, wer in einer Situation die Verantwortung für sein Überleben übernimmt. (Foto: Wentscher)

Dafür müssen wir anerkennen, dass ein Pferd in einer natürlichen Herde oder einer wie auch immer zusammengesetzten Gruppe nicht in einer Demokratie lebt („Nun stimmen wir erst mal ab, ob wir flüchten oder nicht“). Die Entscheidung über das Verhalten der gesamten Gruppe wird einem oder einigen wenigen Individuen überlassen, die die notwendige Lebenserfahrung und Routine mitbringen und diese zumeist durch ihr Lebensalter und ihre daraus gewonnene selbstsichere Lebenseinstellung und -haltung erfolgreich zum Ausdruck bringen.

Hinzu kommt: Pferde werden von anderen Pferden nicht überredet, beschwichtigt oder ermahnt, doch „bitte ruhig und vernünftig“ zu bleiben. Sicherheit erfährt die Herde durch die Souveränität und Handlungskompetenz der ranghohen Tiere, die sie mittels „Stimmungsübertragung“ weitergeben.

Loben oder Liebkosen eines schreckhaften Pferdes verstärkt dieses Verhalten nur unnötig. (Foto: Wentscher)

An einem ganz normalen Abend in einer x-beliebigen Reithalle drängt sich allerdings ein anderer Eindruck auf. Pferdebesitzer, die zum Teil von Jugend an Reiterfahrung gesammelt haben, versuchen ihren Pferden auf „intellektuelle" Art und Weise zu vermitteln, dass sie sich nicht zu fürchten brauchen. Durch ihre vermeintlich wohlwollende Art verstärken sie allerdings eher das Verhalten des Pferdes.

Die zweite, häufig zu beobachtende Variante: Das Pferd wird für sein Scheuen oder Erschrecken körperlich bestraft. Hier tritt ein noch größerer Verstärkungsprozess des Verhaltens auf, da das Pferd nun in seiner Furcht vor Schmerz bestätigt wurde und folglich eine generell erhöhte Anspannung entwickelt. Zudem ist dies ein für das Pferd absolut nicht nachvollziehbarer Akt: Nachdem es die Verantwortung für „seine" Zweierherde übernommen hat, wird es nun bestraft, wenn es seiner Verantwortung nachkommt. Hier wird klar, dass solche Handlungen die Freundschafts- und Vertrauensbeziehung zu unserem Pferd wohl kaum fördern. Das Pferd mag zwar durch gewalttätige Akte eingeschüchtert sein, aber Anerkennung als weiser, ranghöherer Herdenführer und Freund erlangen wir durch körperliche Bestrafung nicht.

Perfekte Manieren bei der ersten Begegnung

Viele Menschen versuchen, mit Pferden Freundschaft zu schließen oder diese zu erhalten, indem sie sie mit Leckerchen füttern. Oft ergibt sich die folgende Situation: Das Pferd steht in seiner Box oder einem Auslauf. Wenn der Mensch sich nähert, kommt das Pferd ihm entgegen in der Erwartung, eine süße Belohnung zu bekommen. Der Mensch freut sich, dass das Pferd so zutraulich und nett erscheint, und holt den Inhalt seiner Taschen hervor, um das Pferd aus der Hand zu füttern.

Für das Pferd ist in dieser Situation nicht nur das Erhalten des Leckerchens von Bedeutung. Es lernt in den allermeisten Fällen außerdem, dass es ungefragt in den Individualbereich des Menschen eindringen darf und dafür auch noch belohnt wird. Zwischen Pferden gibt es eine solche Situation nicht.

Problematisch beim Füttern aus der Hand: Das Pferd dringt ungefragt in den Individualraum des Menschen ein und erweist sich daher als ranghöher. (Foto: Slawik)

Auch für uns Menschen ist es sehr befremdlich, wenn sich jemand, den wir nicht kennen, ganz dicht an uns heranstellt (zum Beispiel an der Supermarktkasse). Verletzungen unseres Schutz- oder Individualraumes durch Fremde lösen für gewöhnlich, wenn auch oft unbewusst, Angst und Aggressionen aus. Lernen wir eine andere Person kennen, ist die Einhaltung der körperlichen Distanz bei der Kontaktanbahnung wichtig, da sich sonst schnell eine negative Assoziation einstellen kann. Dies wird besonders deutlich, wenn wir uns das Unbehagen vorstellen, das wir in einem engen Fahrstuhl oder vollen Zugabteil empfinden. Die erzwungene körperliche Nähe ist beunruhigend und bedrückend. Die Suche nach Augenkontakt kann dann aggressiv wirken, daher starrt man meistens auf den Boden oder an die Wand. Die Pulsfrequenz steigt bei zu geringer Distanz zu uns unbekannten Menschen an, der Hautwiderstand nimmt ab – der Körper signalisiert Stress.

Nur unsere Familienmitglieder und Freunde oder Menschen, die wir selbst dazu aufgefordert haben – zum Beispiel Ärzte, Pfleger und Friseure –, dürfen sich in unserer unmittelbaren körperlichen Nähe aufhalten und uns berühren, ohne dass es uns bedrohlich oder unangenehm erscheint. Interessanterweise fallen diese Regeln der Individualdistanz in sich zusammen, wenn wir auf Katzen, Hunde und Pferde treffen. Bereits kleine Mädchen wollen unerschrocken wissen, ob sie „den mal streicheln dürfen". Gegenüber unseren Haustieren scheinen wir wesentlich weniger Hemmungen bezüglich der Individualdistanz zu haben und leben unser Bedürfnis nach Berührung und Nähe freizügiger aus.

Pferde untereinander haben, wie wir gesehen haben, sehr ähnliche Regeln im Umgang mit Artgenossen wie wir Menschen. Lernen

Wenn Pferde sich kennen lernen, tauschen sie erst einmal allein durch den Atem Informationen aus. (Foto: Slawik)

sich Pferde kennen, recken sie zunächst die Hälse, um einen größtmöglichen Abstand zueinander einhalten zu können, während sie durch das Beriechen des Atems des anderen Informationen austauschen.

Wir Menschen strecken unseren Arm aus, um mit unseren Körpern die Individualdistanz nicht zu unterschreiten, wenn wir uns kennen lernen und dabei durch Handschlag begrüßen. Auch bei den Pferden wird sie nur im weiteren Verlauf, bei gegenseitiger Zuneigung, zum Beispiel durch das Beriechen des Halses, vorsichtig unterschritten. Genauso ist es aber auch möglich, dass durch empörtes Quietschen oder einen Tritt mit einem Vorderbein signalisiert wird, dass ein engerer Kontakt nicht erwünscht ist. Pferde, die verwandt oder befreundet sind, können entweder unbehelligt in den Individualraum des anderen eindringen, oder die Annäherung wird durch so subtile Zeichen geregelt, dass sie uns Menschen bei oberflächlicher Betrachtung kaum auffallen.

Bei Pferden finden wir es also eher „süß“, wenn sie uns „auf die Pelle“ rücken. Das Pferd wird in vielen Fällen durch ein Leckerchen aus der Hand belohnt und dadurch in seinem Verhalten bestärkt. Die Aussage auf der pferdespezifischen psychologischen Ebene vonseiten des Menschen ist: „Ich bin rangniedriger als du, und daher darfst du jederzeit in meinen persönlichen Schutzraum eindringen und wirst für diese „Respektlosigkeit" auch noch von mir belohnt."

Wird das Pferd dann aufdringlich, sucht in unseren Taschen und Händen nach weiteren Leckereien, weicht der Mensch entweder zurück (und untermauert damit seine Position als der Rangniedrigere), oder das Pferd erhält eine verbale Zurechtweisung im Sinne von „Nun ist es aber genug, Giacomo/Prinz/...". Diese „Rüge" hat für das Pferd jedoch keine Bedeutung: Es erkennt allenfalls an der veränderten Klangfarbe der Stimme, ob etwas Gesprochenes positiv oder negativ gemeint ist. Bei vielen Pferden kann ich mir aber auch sehr gut vorstellen, dass sie durch ständiges Gerede ihrer Besitzer gegenüber gesprochener Sprache desensibilisiert, also abgestumpft sind. Neben der verbalen Zurechtweisung kommt es eventuell auch zu körperlichen Strafen in Form einer „Ohrfeige" oder eines Schlages gegen die Brust. Ich hoffe, Ihnen ist aufgefallen, wie wenig Sinn diese Situation für das Pferd macht und als welch merkwürdige Kreaturen wir erscheinen, wenn wir uns so verhalten.

Derartig agierende Pferdebesitzer klagen dann häufig über das „Dominanzproblem" mit ihrem Pferd und berichten, wie ihr Pferd sie „plötzlich und ohne erkennbaren Grund" gebissen hat. Dabei ist dies für das Pferd nur eine höchst logische Konsequenz aus unserem Verhalten, denn als Rangniedriger dürfen wir den Individualraum des Pferdes nicht ungefragt betreten und werden durch angelegte Ohren, Zeigen der Zähne, Kneifen, Beißen oder andere aggressive Signale beziehungsweise Kombinationen aus ihnen (aggressive Displays oder agonistisches Verhalten) eindeutig darauf hingewiesen.

Freundliches Leadership von Anfang an

Es ist sinnvoll, wenn ich mir zunächst ein paar Gedanken über ein Pferd mache, bevor ich mich ihm nähere. Freundlich sollte die Begrüßung immer sein, aber der Grad der Ausstrah-

Dieses Pferd signalisiert seiner Bezugsperson deutlich, was es von ihrem Führungsanspruch hält. (Foto: Slawik)

lung von Bestimmtheit variiert – so wie im wirklichen Leben. Im Klartext heißt das: Ein Kleinkind begrüße ich ganz anders als einen ranghohen Marineoffizier oder meine alte Tante. Der Grad des Ranges, die soziale Position ist also stets mit einzubeziehen: Auf einen stürmischen Junghengst muss ich wesentlich selbstbewusster wirken als auf ein sechs Monate altes Stutfohlen.

Was ist soziales Verhalten?
Jede Form von Kontaktaufnahme, Beschäftigung und Arbeit mit dem Pferd stellt einen Sozialkontakt dar. Wenn wir unser Wissen um das soziale Verhalten der Pferde erweitern, indem wir lernen, welche (kommunikativen) Signale und Displays (Signalkombinationen) in einem sozialen Kontext welche Bedeutung haben, erhöhen wir unsere Chancen für ein harmonisches Zusammensein.

Ein altes Sprichwort sagt: „Man bekommt niemals eine zweite Chance für den ersten Eindruck." Für Begegnungen zwischen Menschen gilt dies ebenso wie bei der Begegnung zwischen Mensch und Pferd: Oft zählt der allererste Eindruck, und er ist später schwer zu revidieren. Möchte man zu einem fremden Pferd eine Beziehung aufbauen, empfiehlt es sich, an die erste Begegnung mit Bedacht heranzugehen.

- Gehen Sie selbstbewusst und aufrecht auf das Pferd zu. Erinnern Sie sich aber daran, dass Pferde selten direkt aufeinander zugehen, sondern etwas versetzt in Halbkreisen, da sie sich durch die seitliche Stellung ihrer Augen besser sehen können und diese Art der Annäherung generell wesentlich weniger aggressiv und raubtierhaft wirkt.
- Wenn Sie sich leicht seitlich stellen, wirken Sie freundlicher und einladender, als wenn Sie frontal zum Pferd stehen. Sie können dem Pferd auch in die Augen schauen, aber ein Starren wirkt schnell aggressiv. Der Augenkontakt sollte daher bewusst und in Maßen erfolgen.

Freundliche und neugierige Kontaktaufnahme – von Mensch zu Pferd. (Foto: Slawik)

Eine seitliche Körperposition wirkt freundlich und einladend. (Foto: Slawik)

Das Beschnuppern des Handrückens stellt eine gute Basis für die erste Kontaktaufnahme dar. (Foto: Wentscher)

• Reichen Sie dem Pferd Ihre Hand mit dem Handrücken nach oben zum Beschnuppern hin.

Der Geruch liefert dem Pferd wichtige Informationen zum Beispiel darüber, ob Sie gerade Angst haben. Auf jeden Fall wird es sich Ihren Geruch einprägen und Sie auch daran wiedererkennen. Unsere „Fellfarbe“ kann das Pferd zur Wiedererkennung nicht berücksichtigen, da wir sie ja durch Wechsel unserer Kleidung ständig verändern. Dies stellt das Pferd aber auch nicht vor Probleme, denn Pferde prägen sich Gesichter ebenso gut ein wie wir, wobei sie uns aber vorwiegend an unserer Silhouette, unserer Haltung und unserem Gang wiedererkennen. Aus diesen Merkmalen erfährt das Pferd außerdem einiges über uns: Wer aufrecht und zielsicher geht, erscheint athletischer, selbstbewusster und damit ranghöher als jemand, der scheinbar orientierungslos oder bedrückt und langsam herumschlurft. Souveräne Führungspersönlichkeiten gehen erhaben, trittsicher und wirken nicht zögerlich oder hektisch. Wenn wir es gleichzeitig schaffen, beschwingt und fröhlich zu wirken, ohne unruhig zu sein, wird jedes Pferd uns interessant finden und positiv auf uns reagieren.

• Nachdem das Pferd Ihre Hand berochen hat, sollten Sie die Individualdistanz unterschreiten und das Pferd an Hals oder Widerrist kraulen – natürlich nur, wenn Sie es mit einem freundlichen Pferd zu tun haben.

• Ein Pferd, das mit angelegten Ohren die Zähne fletscht, sollte man nicht ohne Weiteres anfassen, sich aber auch nicht unbedingt verscheuchen lassen. Das Vorgehen in diesem Fall hängt von der Erfahrung ab, die wir bereits gesammelt haben, und von den Informationen, die wir über das Pferd haben. Es gibt Pferde, die wirklich beißen würden, aber die meisten

versuchen nur, aufgrund ihrer negativen Erfahrungen mit Menschen sich diese einfach fernzuhalten, indem sie sich äußerst aggressiv und feindselig präsentieren. Übrigens: Grundsätzlich sollten Pferde während des Fressens von Kraftfutter in Ruhe gelassen werden. Überlegen Sie, wie Sie reagieren, wenn Sie beim Mittagessen gestört werden.

• Haben Sie es mit einem friedlichen Pferd zu tun, unterschreiten Sie bewusst als Erstes die Individualdistanz, indem Sie sich seitlich neben das Pferd stellen und es am Hals und Widerrist streicheln oder kraulen. Damit signalisieren Sie dem Pferd ihre freundliche, positive Gesinnung und knüpfen die ersten freundschaftlichen Bande. Sie können auch gern mit dem Pferd sprechen, solange Sie dies mit Bedacht tun. Sprechen Sie leise und sanft, Pferde hören exzellent. Wenn Sie nervös sind, sollten Sie eher wenig sprechen, denn die Klangfarbe Ihrer Stimme verrät dem Pferd den Grad Ihrer Erregung. Indem Sie agieren und den ersten Schritt in Richtung weiterer Annäherung machen, signalisieren Sie dem Pferd, dass Sie als Ranghöherer die Verantwortung übernehmen und damit gewohnt sind, Aktionen zu setzen, anstatt abwartend zu reagieren. Dies ist ein sehr wichtiges Kriterium für echtes Leadership.

• Sie können die pferdegerechte Begrüßung noch ausweiten, indem Sie Ihrerseits Ihr Gesicht an den Hals des Pferdes legen und seinen Geruch einatmen. Da Pferde im Allgemeinen sehr angenehm riechen, kostet dies keine Überwindung.

Lösungswege für aggressive Pferde

Aggressiv wirkende Pferde sind oft (sozial) unsicher. Anstatt ihr Verhalten negativ zu bewerten, kann man mit positivem Leadership eine gute Beziehung zu ihnen aufbauen. Gerade vormals aggressive Pferde können, wenn sie einen Menschen gefunden haben, dem sie vertrauen können, sehr viel „Herz“ beweisen und äußerst leistungsstarke Sportkameraden werden.

Bei einem aggressiv wirkenden Pferd bleibe ich zunächst stehen und warte ab, bis sich die Aggressivität legt. Ich vermeide direkten Augenkontakt, wahre aber meine Position und signalisiere dem Pferd dadurch, dass ich mich nicht einschüchtern lasse. Beruhigt sich das Pferd, gehe ich für einen Moment weg – aber nur dann, wenn es vollständig aufgehört hat zu drohen. Einen Moment später gehe ich zurück an meinen vorherigen Platz und warte wieder, bis das Pferd mich nicht mehr bedroht. Je nach Heftigkeit der aggressiven Signale oder Displays kann ich diese Taktik vor „Vorstoß und Rückzug“ mehrmals anwenden. Wichtig ist hierbei, dass ich so lange auf meinem sicheren Platz verharre, bis das Pferd seine drohende Mimik und Haltung aufgibt, und mich erst dann entferne. Dadurch zeige ich dem Pferd einerseits, dass ich keine Angst habe, und andererseits, dass ich den Druck durch meine Person entferne, sobald eine „neutrale“ Stimmung herrscht. Es lernt, dass von mir keine Bedrohung ausgeht. Ein als Raubtier agierender Mensch entfernt sich nicht wieder von seiner

„Beute", dem Pferd. Pferde haben nur eingeschränkte Strukturen in ihrer Denkweise, und daher fällt ein Wesen, das mit Schmerz oder Unbehagen assoziiert wird (zum Beispiel ein Mensch, der mit einem schlecht passenden Sattel reitet oder durch einen unruhigen Sitz permanent Unbehagen im empfindlichen Pferdemaul verursacht), automatisch in die Kategorie „gefährliches Raubtier". Pferde lernen sicherlich, dass diese Bedrohung nicht todbringend ist, aber auch ein Wesen, das permanent Schmerzen oder Unbehagen mit sich bringt, werden sie genauso zu meiden versuchen wie einen Raubfeind.

Viele Pferde reagieren erstaunt, wenn man sich wieder entfernt, da sie diese Verhaltensweise von Menschen nicht kennen. Als Mensch erregen Sie damit auch die Neugier des Pferdes, weil Sie sich offensichtlich anders verhalten. Dann wird es Zeit, diesem vormals aggressiven Pferd die Hand zum Beschnuppern hinzureichen.

Wenn Sie das Pferd am Widerrist oder Hals berühren können, haben Sie praktisch gewonnen. Bei ängstlichen Pferden empfiehlt es sich, diese nur mit dem Handrücken zu streicheln, die Finger sollten dabei geschlossen sein.

Die Bereiche zwischen seinen Augen kann ein Pferd selbst nicht sehen – die Berührung durch den Menschen dort ist deshalb sehr vertrauensbildend. (Foto: Wentscher)

Manche Pferde haben aufgrund ihrer spezifischen Denkweise als Fluchttiere schlichtweg Angst vor Menschen. Einem Pferd direkt mit der Hand ins Gesicht fassen zu wollen, ist oft keine gute Idee. Wenn Sie den Hals streicheln können, haben Sie aber die Möglichkeit, sich mit fließenden Bewegungen zum Kopf vorzuarbeiten und das Pferd schließlich zwischen den Augen zu streicheln. Dieses Streicheln zwischen den Augen (keinesfalls ein Tätscheln oder Klopfen) ist eine äußerst vertrauensbildende Maßnahme, da das Pferd diese Stelle seines Körpers selbst nicht sehen kann. Vermeiden Sie dabei direkten Blickkontakt, um möglichst wenig aggressiv zu wirken.

Lösungswege für ängstliche Pferde

Ein ängstliches oder schüchternes Pferd hat ebenfalls ungute Erfahrungen gemacht – oder seine genetische Veranlagung (Disposition) bezüglich der sozialen Kompetenz ist nicht voll ausgereift. Auch diese Pferde sind durch positive Beschäftigung und Lernerfolge relativ einfach umzukonditionieren.

Zunächst verhalten Sie sich ganz ähnlich wie bei einem aggressiven Pferd. Sie nähern sich so weit an, wie das Pferd es ertragen kann, ohne fortzulaufen, verharren in Ihrer Position und entfernen sich dann. Wieder erregen Sie durch Ihr unaggressives Verhalten das Interesse des Pferdes. Weil Sie sich nicht wie ein Raubtier verhalten, das sich nach Annäherung an seine Beute nicht wieder entfernt, wirkt auch diese Maßnahme vertrauenerweckend. Schließlich verringern Sie behutsam den Abstand und entfernen sich nicht mehr so weit. Sie können dann vermutlich nach wenigen Minuten das Pferd am Hals berühren. Äußerst wichtig ist, dass Sie sich stets seitlich zum Pferd hin- und vom Pferd wegbewegen. Eine frontale Haltung zum Pferd würde zu aggressiv und damit fortschickend wirken.

Bei einem ängstlichen Pferd ist es besonders wichtig, als Mensch nicht wie ein Raubtier zu wirken. (Foto: Wentscher)

Schauen, aber nicht starren

In unserer Kultur ist es höflich, sich bei einer Begrüßung gegenseitig anzuschauen. Entwickelt sich dann ein Gespräch, schauen wir uns für gewöhnlich nicht mehr die ganze Zeit in die Augen. Oft schaut der Sprechende woandershin, während der Zuhörer ihn fixiert. Dann werden die Rollen getauscht und es kommt immer wieder zu Blickkontakten, die aber nicht minutenlang anhalten, denn auch auf uns Menschen wirkt ein Anstarren bedrohlich und aggressiv. Für den erfolgreichen Umgang mit dem Pferd ist es daher wichtig, das Pferd nicht anzustarren; besser ist es, das Pferd und seine Reaktionen nur „nebenbei" im Blick zu behalten und ihm nur für Momente direkt in die Augen zu schauen. Am schönsten ist es, wenn Sie Ihr Pferd dabei liebevoll anblicken: Feinste Veränderungen in Ihrem Gesicht bleiben dem Pferd als Meister der nonverbalen Kommunikation nicht verborgen!

Es geht auch ohne Futter: Pferde können regelrecht „süchtig" nach einem Kraulen am Hals als Belohnung werden. (Foto: Wentscher)

Begrüßung mit Futter

Viel zu viele Pferde sind es gewohnt, von ihren Bezugspersonen mit Leckereien aus der Hand verwöhnt zu werden. Futter ist ein primärer Verstärker für Pferde. Das bedeutet: Sie müssen nicht lernen, dass Futter etwas Positives darstellt (ganz im Gegensatz zum Schlagen und Klopfen auf den Hals, eine von vielen Menschen angewandte Form der Belohnung, die dem Pferd völlig fremd ist und deren positiv gemeinte Bedeutung es bestenfalls mühsam erlernen muss).

Ich kenne Pferde, die ungefragt eine ganze Palette zirzensischer Lektionen ausführen, nur um ein Leckerchen zu bekommen, und gebe zu, dass ich davon nicht begeistert, sondern

eher peinlich berührt bin. Pferde können so motiviert werden, dass sie das durch die Unterstützung von Futter gelernte Verhalten ungefragt ausführen und sich damit eine Belohnung erhoffen. Egal wie formvollendet die Darbietung war: Sie sollte keinesfalls belohnt, sondern kategorisch ignoriert werden, wenn Sie vorher nicht danach gefragt haben.

Andererseits kenne ich heute auch viele Pferde, die ähnlich „süchtig“ nach einem Streicheln, Kraulen oder Kratzen oder einem verbalen Lob sind. Für mich ist dies der Beweis dafür, dass man Pferden auch ohne Futtergaben aus der Hand alles Mögliche beibringen kann und sie ein richtig schönes Streicheln und Kraulen genauso schätzen lernen können wie eine Futterbelohnung.

Ich hatte schon immer ein Problem damit, mir die Sympathie und Freundschaft eines Pferdes durch Leckerchen „erschleichen“ zu wollen. Auch scheint mir die Vorgehensweise mancher Reiter, die ihr Pferd erst unsachgemäß mit Gerte und Sporen traktieren und es anschließend mit Leckerchen wieder versöhnlich zu stimmen versuchen, zumindest befremdlich, wenn nicht verwerflich.

Daher verzichte ich im Allgemeinen völlig darauf, Futter aus der Hand zu geben, und empfehle jedem Pferdehalter, sorgsam abzuwägen, welche Form der Belohnung er in verschiedenen Situationen anwenden möchte.

Wenn Sie diese Angewohnheit beibehalten wollen, weil Ihr Pferd schon seit Jahren daran gewöhnt ist und Sie eine schriftliche Abmahnung von ihm befürchten müssen, falls Sie keinen Apfel dabeihaben, gibt es dennoch bestimmte Regeln. Ihr Pferd sollte freundlich schauen und Sie nicht mit angelegten Ohren und gebleckten Zähnen begrüßen – in diesem Fall gibt es kein Leckerchen. Auch wenn Ihr Pferd Sie herumschubst, anrempelt oder Ihnen auf die Füße tritt, wäre es grundfalsch, dieses Verhalten zu belohnen. Im ersten Fall sollten Sie warten, bis der Gesichtsausdruck freundlich wird (Pferde können sehr lieb gucken, wenn sie etwas möchten …), und im zweiten Fall wird das Pferd durch impulsartiges Zupfen am Halfter zurückgeschickt. Trägt das Pferd kein Halfter, kann es durch intensiven Augenkontakt und Schnalzen mit den Fingern in Höhe des Pferdeauges zurückgeschickt werden; auf diese Weise vermeiden Sie eine körperliche Auseinandersetzung, bei der der Mensch schnell unterlegen sein kann.

Steht Ihr Pferd lieb und brav und schaut Sie mit großen treuen Augen an, können Sie ein Leckerchen geben, indem Sie in den Individualraum Ihres Pferdes eintreten – keinesfalls umgekehrt. Dann empfiehlt es sich, jeweils nur eine bestimmte, gleichbleibende Menge zu füttern. Bekommt Ihr Pferd an seinem Geburtstag einen Korb voller Äpfel, wird es Sie am nächsten Tag zu Recht enttäuscht anblicken, wenn Sie mit einer einsamen Möhre vor ihm stehen. Ihr Pferd weiß nicht, dass es gestern eine Party hatte. Aber als Gewohnheitstier kann es sehr schnell lernen, dass es ein Leckerchen gibt und dass dann „Schluss“ ist. Dafür bietet es sich an, ein Zeichen zu etablieren, das signalisiert, dass es kein weiteres Leckerchen gibt und dass weder

Sie selbst noch Ihre Kleidung aus „Pferde-Esspapier“ sind. Strecken Sie dazu zum Beispiel Ihre offenen Handflächen aus und sagen: „Alle“. Danach gibt es nichts mehr. Wenn Sie dies konsequent durchführen, wird Ihr Pferd schnell begreifen. Bitten Sie Ihre Stallkollegen, Ihr Pferd nicht aus der Hand zu füttern; zur Not helfen freundliche Schilder an der Boxentür und rund um Weiden und Ausläufe.

Wenn Sie ein junges Pferd haben oder ein Pferd neu bekommen, versuchen Sie sich selbst zu disziplinieren und mit dem Verfüttern von Leckerchen aus der Hand gar nicht erst anzufangen. Es ist generell erlaubt, dass Ihr Pferd eine Leckerei in seinem Trog vorfindet, zum Beispiel wenn Sie es von der Weide holen. Auch ein Eimer mit Möhren bei einem Pferd, das Probleme mit dem Schmied oder Tierarzt hat, oder ein Heunetz während eines Transportes sind wesentlich humaner als eine Nasenbremse oder das ständige Verabreichen von Beruhigungsmitteln. Richtiges Training mithilfe kompetenter Fachleute ist allerdings immer die beste Lösung.

Bevor man zur Nasenbremse greifen muss, ist die Beruhigung eines verängstigten Pferdes mit Futter sicher die bessere Alternative. (Foto: Wentscher)

Foto: Wentscher

Leadership und Partnerschaft

Im ersten Teil des Buches haben wir uns angesehen, wie die sozialen Strukturen von Pferden beschaffen sind oder beschaffen sein können. Wir haben festgestellt, dass Pferde sehr wohl in einer Art Rangordnung leben, die aber wesentlich weniger starr ist als bisher vermutet wurde, und dass ihre freundschaftlichen Interaktionen wesentlich häufiger sind als Auseinandersetzungen bezüglich der Rangfolge.

Auch bei uns Menschen herrscht die Lebensweise in Familien und Patchworkfamilien vor, wenngleich wir zumeist nicht mehr in Großfamilien mit mehreren Generationen unter einem Dach leben. Diese sind insofern hierarchisch strukturiert, als Erziehungsberechtigte und Eltern vornehmlich „das Sagen haben". Mit den Pferden teilen wir ebenfalls, dass freundliche Interaktionen über Auseinandersetzungen um die Rangordnung vorherrschen. Gleichermaßen ähnlich sind wir uns in dem Bestreben, als Individuum und als Art zu überleben und unseren Genpool in weiteren Generationen zu erhalten.

Ohne das Pferd hier vermenschlichen zu wollen, ist es für den Menschen sinnvoll, sich diese generell ähnlichen Strukturen der sozialen Lebensform in (freundschaftlich orientierten) Hierarchien bewusst zu machen, um eine harmonische Beziehung zu seinem Pferd aufbauen zu können.

Einige Pferdegurus versprechen uns, dass wir durch die Anwendung ihrer Methoden eine „partnerschaftliche" Beziehung zum Pferd etablieren können – eine Idee, die uns friedfertigen Menschen sehr gefällt. In der anderen Ecke stehen jene Reitschulen und Ausbilder, die vom Pferd stets eine Art automatisierten Gehorsam verlangen und auch kein Problem mit dem Versuch haben, diesen durch Gewalt einzufordern.

Als intelligenter Mensch mit offenem Geist und dem steten Willen dazuzulernen, steht man in der heutigen Zeit relativ verwirrt zwischen diversen extremen Fronten und fragt sich möglicherweise zu Recht, ob man das Pferd nun eher per Rollkur oder mittels Telepathie durchlässig bekommt.

Sind Sie auch der beste Kunde in Ihrem lokalen Reitsportgeschäft? Dem Pferd dürfte dies eher schaden als nützen ... (Foto: Slawik)

Gesunder Pferdeverstand für Menschen gebietet, stets seinen eigenen Verstand wach zu halten und niemals ungeprüft Meinungen oder Methoden zu adaptieren. Dazu gehören die Fragen: Kann man überhaupt in einer gleichberechtigten Partnerschaft mit dem Pferd leben, und wenn ja, wie sieht diese aus? Was bedeutet es für Mensch und Pferd, Partner zu werden, und was haben wir uns gegenseitig in dieser Partnerschaft zu bieten? Wie kann der Mensch das Beste in die Beziehung einbringen und im Gegenüber „das Beste" hervorbringen?

Respekt, Vertrauen, Freundschaft – alles ist möglich, wenn wir uns als weiser und positiver Partner unseres Pferdes erweisen. (Foto: Wentscher)

Wenn wir möchten, dass unser Pferd ein williger Partner wird, ist es unsere Aufgabe herauszufinden, wie wir unsererseits ein positiver und unterstützender Freund unseres Pferdes werden – nicht nur in Situationen, in denen alles gut läuft, sondern auch bei anstehenden Schwierigkeiten.

Meine persönliche Auffassung ist, dass man in großer Harmonie mit Pferden arbeiten und seine Freizeit verbringen kann. Eine Beziehung, charakterisiert durch gegenseitigen Respekt und Gefühle der Freundschaft, ist trotz des erheblichen intellektuellen Unterschieds – meistens müssen wir die Entscheidungen für unser Pferd treffen – möglich und erstrebenswert.

Wie schaffen wir es, ein Pferd für eine solche Beziehung zu begeistern? Was haben wir zu bieten, das Bedeutung und Wert für unser Pferd hat?

Ihrer Natur nach suchen Pferde Gemeinschaft und schließen sich gern an, wenn sie einen Menschen gefunden haben, dem sie rundherum vertrauen können. Dieses Vertrauen wird durch unsere ruhige und positive Ausstrahlung und durch die weisen, durchdachten Entscheidungen, die wir Menschen als Hauptkoordinatoren treffen, beim Pferd entstehen. Dazu gehört ebenfalls die realistische Erwartung bezüglich unserer gemeinsamen Leistungsfähigkeit – nicht aber, dass wir versuchen, mit dem Pferd demokratisch darüber abzustimmen, ob es nachts die Futterkiste leer fressen darf oder nicht.

Oftmals reagieren Menschen auf das Verhalten ihres Pferdes, ohne es zu wissen oder zu wollen, in einer Raubtiermanier, besonders in potenziell schwierigen Situationen. Pferde werden fest und ganz kurz gehalten, zusammengeschnürt, in Transporter getrieben, ausgeschimpft und angeschrien und heftiger als nötig geschlagen oder sporniert.

All diese Verhaltenweisen ziehen das Vertrauensverhältnis in Mitleidenschaft, weil durch die Art, wie wir Dinge tun, der Sicherheitsanspruch des Pferdes nicht beachtet wird. Das Pferd, das mit Gewalt zu etwas gezwungen werden soll, entwickelt einen erhöhten instinktiven Selbstschutz, der mitunter für uns Menschen gefährlich werden kann, und die positive Kommunikation bricht ebenfalls zusammen. Das Pferd verliert durch diese von ihm als aggressive Handlungen aufgefassten, vermeintlich „dominanten" Verhaltensweisen sein Vertrauen in uns, und dies passiert in der Regel wesentlich schneller, als dass das Pferd wieder Vertrauen zu uns aufbaut.

Daher ist es absolut entscheidend für uns als „Leader" zu lernen, wie wir aktiv andere Strategien anwenden, um unsere Ziele zu erreichen.

Pferde lernen, wovor man sich zu fürchten hat und wovor nicht, von anderen Pferden und Menschen genauso gut wie von Ihnen selbst.

Anonym

Gewalt zerstört Vertrauen! (Foto: Slawik)

Realistische „Partnerschaft“ und Freundschaft mit Pferden

Partnerschaft mit dem Pferd bedeutet für mich: Ich nehme niemals an, dass das Pferd etwas aus „böser Absicht“ tut oder nicht tut, dass es mich ärgern oder frustrieren will. Partnerschaft bedeutet ebenfalls, dass das Pferd und ich immer ein Team sind und nicht zwei Lebewesen, die (regelmäßig) gegeneinander ankämpfen. Meiner Meinung nach gibt es auch kaum Pferde (wenige Ausnahmen bestätigen die Regel), die aus Lust und Laune vor „Gespenstern“ scheuen, was leider viele Reiter glauben und darin die Rechtfertigung dafür sehen, „mal kräftig draufzuhauen“.

Einmal durfte ich ein Pferd kennen lernen, das anfing zu lahmen, sobald es seinen Besitzer mit dem Sattel ankommen sah. Ganz im Gegensatz zu dem Besitzer war ich absolut begeistert von der intelligenten Kreativität des Pferdes, und insgeheim wünsche ich mir, dass viel mehr Pferde so schlau wären. Versuchen Sie sich vorzustellen, wie viel Unbill dieses Tier erfahren hatte, bevor es lernte, dass es dem Reiten entgehen konnte, wenn es humpelte.

Der Besitzer ärgerte sich über all die Tierarztkosten, die sein Pferd verursacht hatte, ohne dass er jemals einen wirklichen Befund bekam, anstatt die Intelligenzleistung seines Pferdes anzuerkennen und bei sich selbst, den Ausrüstungsgegenständen und der Lernatmosphäre insgesamt nach den Ursachen für das Verhalten des Pferdes zu forschen.

Mein Anspruch an mich selbst ist, dass meine Pferde mich als Besitzer auswählen würden und dass all die Trainingspferde und Pferde, die an meinen Kursen teilnehmen, mich auch stets als ihren „Lieblingstrainer“ wählen würden.

Unter solchen Haltungsbedingungen werden Pferde depressiv. (Foto: Slawik)

Um der perfekte Partner für Ihr Pferd zu werden, analysieren Sie zunächst kritisch die Haltungsbedingungen Ihres Pferdes. Zur körperlichen und mentalen Gesunderhaltung sind eine an die Leistung angepasste Fütterung, der ständige Zugang zu Trinkwasser, Sozialkontakte, Bewegungsfreiheit und Schmerzfreiheit unverzichtbar.

Aufgrund seiner heute noch sehr aktuellen Instinkte und genetischen Möglichkeiten wird ein leidendes oder verletztes Pferd stumm leiden, denn in der freien Wildbahn ist ein verletztes Tier eine beliebte Beute für Raubfeinde. Daher verstecken und verbergen Pferde ihren Schmerz, so weit es geht, und haben in ihrer stammesgeschichtlichen Entwicklung keine spezifischen Schmerzlaute ausgebildet. Also: Nur weil Sie keine Schmerzlaute bei Ihrem Pferd wahrnehmen, heißt dies nicht zwangsläufig, dass es glücklich und beschwerdefrei ist!

Auch Angst und Stress stehen der Gesundheit des Pferdes entgegen. Hierzu könnte man ganze Bücher füllen – aber für einige Themen möchte ich Sie ganz besonders sensibilisieren. Kürzlich ritt ich in einer „ganz normalen“ Reithalle eines meiner Trainingspferde und wurde wieder einmal unfreiwillig Zeuge diverser Pferdemartyrien. Bei dem Pferd einer meiner Mitreiter zählte ich innerhalb einer Stunde insgesamt neun Mal ein relativ tonloses (Auf-)Stöhnen (ähnlich dem Stöhnen mancher Tennisspieler beim Aufschlag), dem vermutlich einzigen Geräusch, das Pferde bei Schmerzen von sich geben. Ich habe einige Erfahrung damit, solche Situationen ertragen zu können, auch weil ich weiß, dass viele Mitmenschen nicht gern ungefragt Tipps oder Ratschläge annehmen. Jeder von uns befindet sich auf einer individuellen Entwicklungsstufe, die respektiert werden sollte, und verdient individuelle Hilfestellung. In manchen Fällen kann dies nur bedeuten, mit gutem Beispiel voranzugehen. Einige Menschen haben noch gar nicht gemerkt, dass

Für manche Menschen ist der tierquälerische Umgang mit dem Pferd so „normal“, dass sie gar nicht ahnen, wie erfüllend die Zusammenarbeit eigentlich sein könnte. (Foto: Slawik)

Auch ohne den Einsatz von Gerte und Sporen sind Lektionen der schweren Klasse möglich. (Foto: Wentscher)

die Art und Weise, wie sie mit Pferden umgehen, überhaupt nicht erfüllend und befriedigend ist.

Ich verzichte gern auf den Einsatz von Gerte und Sporen, um zu zeigen, dass man auch ohne diese Hilfsmittel erfolgreich reiten kann – und nicht, weil ich ihren Einsatz grundsätzlich schlecht finde. Es ist meiner Ansicht nach nur nicht legitim, Pferde durch unsachgemäßen Gerten- und Sporengebrauch abzustumpfen, um dann ihren Einsatz mit der Triebigkeit des Pferdes zu rechtfertigen. So muss ich zuweilen innerlich gegen meine Resignation ankämpfen und frage mich stets, ob man wirklich glücklich beim Reiten sein kann, wenn das Tier unter dem Sattel vor Schmerzen aufstöhnt. Pferde müssen auch nicht in Transporter, Waschboxen, Solarien und so weiter geprügelt werden, und abgescheuertes Fell sowie Stichwunden am Pferderumpf sind kein Indiz dafür, dass jemand den Umgang mit Sporen richtig verstanden hat.

Wir leben nicht in einer perfekten Welt, aber durch unser gutes Beispiel können wir helfen, sie ein Stück weit zu verbessern. Investieren Sie kein Geld in Ausbilder, die nur durch Anwendung von Gewalt Erfolge verbuchen können. Und wenn Sie selbst ausbilden: Haben Sie den Mut, nicht das nachzumachen, was Generationen vor uns und neben uns schon jahrtausendelang verkehrt gemacht haben. Ermuntern Sie Kunden, sich selbst in körperlicher und geistiger Hinsicht aktiv in den Prozess mit einzubringen, und lehnen Sie es ab, Pferde zwecks „Reparatur“ anzunehmen, ohne dass die Besitzer ebenfalls lernen, wie sie selbst bessere Pferdeleute werden.

Bin ich der Besitzer, den mein Pferd für sich selbst wählen würde?

Durch die Pferde können wir eine ganze Menge über uns selbst lernen, denn Pferde sind in ihren Reaktionen auf unser Verhalten ehrlich und redlich. Ein Pferd kann man nicht davon überzeugen, wie toll man ist, weil man 500.000 Euro im Jahr verdient oder kürzlich zur Miss World gewählt wurde. Was allein zählt, ist unsere persönliche Ausstrahlung und die Fähigkeit, erfolgreich (nonverbal) zu kommunizieren. Hinzu kommen körperliche Fitness, der Sinn für realistische Erwartungen an die gemeinsamen Leistungen, Freundlichkeit und Kreativität, die sich mittels „Stimmungsübertragung“ in unserem Pferd widerspiegeln. (Mehr hierzu auch ab Seite 106).

Pferde als Herdentiere und Nestflüchter lernen auch durch ein Imitieren von Verhaltensweisen eines Sozialpartners, also durch Stimmungsübertragung, mögliche Handlungsmuster, und zwar sowohl von anderen Pferden als auch von menschlichen Bezugspersonen. Das erste „Modell“ für das Erlernen sozialer Kompetenz und probater Handlungsmuster ist die Mutterstute, im späteren Leben kommen andere Pferde als Rollenmodelle in Frage und, bei entsprechend starker Bindung, auch wir Menschen. Bei der Stimmungsübertragung dient das Verhalten des Sozialpartners generell als

Modell für (späteres) eigenes Verhalten und die an das Verhalten gekoppelte Emotionalität.

Die persönliche Ausstrahlung ist mitverantwortlich dafür, wie das Pferd die Rollenfrage zu seinem Menschen klärt. (Foto: Slawik)

Ich bin, wie ich sein will

Bevor wir zu den Pferden zurückkehren, widmen wir uns zunächst ganz uns selbst und versuchen zu ergründen, wie wir auf andere wirken und welche momentanen Eigenschaften am besten auf uns zutreffen. Ein Charakter ist relativ feststehend, Verhalten oder Verhaltensmuster sowie körperliche Fitness und Ausstrahlung lassen sich allerdings verändern. Hilfreich für die Selbsterkenntnis sind die folgenden Stichpunkte:

Optimistisch	– Pessimistisch
Konsequent	– Inkonsequent
Fokussiert	– Fahrig, Chaotisch
Selbstsicher	– Unsicher
Mutig	– Ängstlich
Unabhängig	– Abhängig
Körperlich fit	– Körperlich unfit
Mental ausgewogen	– Launisch
Motiviert	– Unmotiviert
Ruhig	– Hektisch
Geduldig	– Ungeduldig
Aktiv	– Passiv
Freundlich	– Unfreundlich
Verantwortungsvoll	– Verantwortungslos
Entspannt	– Verspannt
Diszipliniert	– Undiszipliniert
Kritisch	– Unkritisch
Flexibel	– Festgefahren
Spielfreudig	– Reserviert

Seien Sie ehrlich zu sich selbst und identifizieren Sie Ihre Schwächen, um daraus Stärken zu entwickeln. Vertrauen Sie grundsätzlich

keiner Ihrer inneren Stimmen, die nicht liebevoll mit Ihnen spricht, aber haben Sie den Mut, sich selbst eigene Schwächen einzugestehen. Bleiben Sie sachlich, positiv und verzeihend, wie es gute Trainer und Führungspersönlichkeiten sind. Überlegen Sie auch, wie Ihr Pferd Sie einschätzen würde, wenn es die intellektuellen Fähigkeiten dazu hätte.

Ich selbst bin ein sehr ungeduldiger Mensch und geriet früher schnell in einen Zustand der hektischen Verzweiflung, wenn etwas nicht sofort klappte. Deshalb habe ich spezielle Situationen auferlegt bekommen, um mich in Geduld zu üben. Seien Sie bereit, wenn Ihr Meister erscheint!

Meine Meister erschienen mir bei einem längeren USA-Aufenthalt. Ich arbeitete auf einer großen Ranch, die Mustangs aus Nevada nach Kalifornien importierte, um sie dort zu zähmen und einzureiten. Nicht nur, dass es für mich ungewöhnlich war, ein Pferd zunächst zähmen zu müssen, bevor ich es ausbilden konnte. Nein, außerdem hatten von den 15 Pferden, die ich betreute, drei irgendwann ein Halfter angelegt bekommen, was im Laufe der Zeit zu klein wurde, schließlich den Kopf aufscheuerte und es infolgedessen zu bösen Verwachsungen kam. Die Halfter wurden in einem schmerzhaften Prozess herausgeschnitten, die Mustangs waren für diese grausige Prozedur in einem engen Pferch eingeschlossen, sodass sie sich kaum bewegen und nicht fliehen konnten, sonst wäre diese Maßnahme ohne Beruhigungsmittel nicht möglich gewesen.

Die Pferde waren nebeneinander in circa 30 Quadratmeter großen Paddocks untergebracht. Es war kein großes Problem, sich ihnen nach kurzer Zeit zu nähern und sie zu berühren, aber keinesfalls in der Nähe des Kopfes. Da stand ich nun, mutterseelenallein unter der sengenden Sonne Kaliforniens mit drei Pferden, die nie im Leben wieder ein Halfter geschweige denn mal eine Trense tragen wollten, und kam mit meiner „Das-muss-jetzt-endlich-klappen"-Mentalität kein Stück weiter. Es gab auch keinen Trick, der half. Pferde, die keine Leckerchen, Möhren oder Äpfel kennen, lassen sich damit auch nicht bestechen.

Ich konnte die drei berühren und putzen, die Hufe hochheben, die Schweife verlesen, aber sobald ich mich mit etwas näherte, was auch nur entfernt wie ein Halfter aussah, ließen sie mich nicht mehr an sich heran. Ich hätte vor Verzweiflung heulen können. Ich ließ die Halfter in den Paddocks hängen, an der Stelle, wo das Heu gefüttert wurde, damit sie täglich damit konfrontiert wurden. Das Halfter ohne Mensch war ihnen allerdings auch ziemlich egal. Am Ende schaffte ich es – aber nur, weil ich sehr konzentriert, ruhig und präzise und in manch längerer Sequenz mit dem Halfter über dem Arm die „Vorstoß und Rückzug"-Methode anwandte und später, als ich die Pferde mit dem Halfter in der Hand berühren konnte, sie sehr lange und ausgiebig streichelte und sie dabei gegenüber Berührungen desensibilisierte. Diese Pferde hatten irgendwann einmal in Freiheit gelebt, bevor sie zusammengetrieben und eingefangen wurden, um in einer der großen Mustang-Auffangstationen in den USA untergebracht zu werden. Für sie bestand kein Anlass zu der Annahme, dass das Tragen eines Halfters einen sinnvollen Teil ihres Lebens darstellen könnte, insbesondere deshalb nicht, weil sie dadurch so viel Leid erfahren hatten.

Die Mustangs kämpften nie aktiv gegen mich, sie waren nur sehr flink und wendig und konnten sich dadurch gut entziehen. Es war also auch ein enormes Geduldsspiel und ich lernte erst mit der Zeit, dass ich die Situation nur verschlimmerte, wenn in mir Wut, Resignation und Frustrationsgefühle aufkamen, weil ich nicht lehrbuchmäßig vorwärts kam. Es gab nur eine wirklich richtige Lösung dafür: Ich musste mich, also mein Denken, ganz neu „formatieren" und es als Bereicherung für mein Leben annehmen, was ich dort geboten bekam. Ich musste hart an mir arbeiten und habe viel aus dieser Erfahrung mitgenommen. Ich habe aktiv gelernt, dass Gefühle von Ungeduld, Wut und persönlicher Enttäuschung bei der intelligenten und erfolgreichen Ausbildung von Pferden nicht das Geringste zu suchen haben.

Mit einem gewissen Maß an Selbstdisziplin, gutem Willen und gesteigerter Frustrationstoleranz kann man nicht nur beim Pferd Erfolge erzielen, sondern auch bei sich selbst wichtige, positive Eigenschaften erarbeiten. Zielorientiertes und strategisches Vorgehen sowie eine eingehende „Ist"- und „Soll"-Analyse helfen dabei, die eigene individuelle „Marschroute" festzulegen und zu erreichen. Zu der Überwachung der positiven Veränderungen gehört ebenso die rechtzeitige und angemessene Belohnung erreichter Teilziele.

Um es auf den Punkt zu bringen: Je mehr Selbstdisziplin Sie in die Ausbildung und Beziehung einfließen lassen, desto größer werden Ihre Erfolge sein.

Authentische Autorität: Der Schlüssel zur Harmonie

Wer die Wahrheit spricht, muss immer ein gesatteltes Pferd bereithalten.
Armenisches Sprichwort

Bei den vielen Tipps und Tricks und den von verschiedenen „Pferdeflüsterern" angewandten Methoden geht es oft um das Erlernen und die Umsetzung verschiedenster Praktiken, die darauf abzielen, dem Pferd klarzumachen, dass der Mensch ranghöher ist. Auch der Kauf gewisser Ausbildungsgegenstände scheint ein beliebtes Mittel zu sein, um Problemchen und „Problempferde" zu kurieren.

Methoden und Hilfsmittel können immer nur so gut oder hilfreich sein wie derjenige, der sie verwendet, beherrscht und interpretiert. Neben dem Einstudieren von Techniken ist die Entwicklung der eigenen Persönlichkeit in Richtung „vertrauenerweckender und führungskompetenter Leitmensch" der wichtigste und am meisten erfolgversprechende Faktor. Dabei kann ein erfolgreicher Pferdemensch ein gutes Vorbild sein, wenn man zunächst versucht, diesen so gut wie möglich zu kopieren.

Sein Pferd in einzelnen Situationen dominieren zu wollen, bringt langfristig oft keine gravierenden Verbesserungen für das Verhältnis. Dies liegt daran, dass Pferde ein so feines Gespür dafür haben, ob die Autorität unsererseits nur durch bestimmte Praktiken „gespielt“ wird oder ob wir tatsächlich über eine authentische Autorität und Weitsicht im Umgang mit einem sensiblen Fluchttier verfügen.

Eine Technik oder ein Hilfsmittel kann daher immer nur als Unterstützung dienen, nicht aber als alleiniges Mittel, um etwas Konkretes zu erreichen oder eine Situation zu verbessern.

Ebenfalls problematisch ist es, wenn man versucht, dem Pferd durch gewisse Übungen klarzumachen, dass man ranghöher ist, dabei aber seiner wirklichen Verantwortung als Leitfigur nicht in jeder Situation nachkommt. Dies stiftet nur Verwirrung aufseiten des Pferdes und ist einer vertrauensvollen Bindung zwischen Pferd und Mensch nicht zuträglich. Pferde streben nicht danach, dominiert zu werden, genauso wenig wie Menschen. Dennoch sind sie deutlich zufriedener, weniger gestresst und bei der Arbeit kooperativer, wenn sie sich vertrauensvoll anschließen

Pferde spüren sehr genau, ob ein Mensch wirklich führungsfähig ist. (Foto: Wentscher)

können. Sie sehnen sich (unbewusst) nach Führung – dies ist etwas völlig anderes als Unterwerfung. In der materiellen Welt voll von Gegenständen, die für das Pferd keinen Sinn haben, kann der Mensch eine wertvolle Orientierungshilfe sein, wenn er Ruhe, Souveränität und Sicherheit ausstrahlt. Aus diesem Grund wird ein Pferd seine Bezugspersonen so lange „überprüfen", bis es dauerhaft Vertrauen zu ihnen aufgebaut hat; dies ist der das Überleben sichernde Instinkt des Pferdes. Die Rangordnungsproblematik ergibt sich also einerseits aus der Instinktsicherheit des Pferdes und andererseits aus der Nichtbeachtung und Inkonsequenz des Menschen bei seinem Führungsvorhaben.

Dem Pferd geht es nur darum, wem es vertrauen kann, wer es nicht in Situationen bringt, die Schmerzen oder Unbehagen mit sich bringen, und wem es die Erfahrung zutraut, stets die für das Überleben richtige Entscheidung zu treffen.

Ein Pferd kann Vertrauen nur zu solchen Menschen aufbauen, die es vor Schmerzen bewahren. (Foto: Slawik)

Pferde in der Herde vertrauen den älteren Tieren, die aufgrund ihrer Lebensjahre über die Erfahrung verfügen zu entscheiden, ob eine Flucht angebracht ist oder nicht. Daher ist die Rangordnung innerhalb der Herde immer intakt und gleichzeitig auf dem aktuellen Stand, denn Töchter oder ranghohe Freundinnen der Leitstute übernehmen ihren Rang, wenn diese altersmäßig nicht mehr in der Lage ist, ihre Herde erfolgreich zu führen. Auch ein verletztes Tier wird keine Herde anführen. Dadurch, dass in dem komplexen Herdengefüge andere, ebenfalls ranghoch angesiedelte Individuen die Führung der Gruppe übernehmen, ist für die Sicherheit aller gesorgt.

Die anderen Herdenmitglieder folgen ihrem Leitpferd also deshalb, weil sie ihm in lebenswichtigen Entscheidungen vertrauen, und nicht in erster Linie, weil sie von ihm dominiert werden. Das Privileg des Dominierens ergibt sich also weniger aus dem Prozess selbst als aus der verantwortungsvollen Position heraus, die das ranghöhere Individuum innehat.

Wenn wir Pferde wirklich lieben als das, was sie sind, müssen wir anerkennen, dass sie stets bestrebt sind herauszufinden, ob sie uns

Ein Pferd handelt nicht aus böser Absicht: Es entstammt seinem Überlebensinstinkt, dass es den Menschen auf dessen Vertrauenswürdigkeit überprüft. (Foto: Slawik)

Aus vielen Faktoren – von der Körperhaltung bis zum Hautwiderstand – entnimmt das Pferd Informationen darüber, inwieweit sich der Mensch als Leittier eignet. (Foto: Wentscher)

vertrauen können – wir uns als vertrauenswürdig erweisen – oder nicht. Daraus ergibt sich die einfache Formel: Je weniger konsequent vertrauenswürdig wir uns erweisen, desto öfter wird unser Pferd uns prüfen müssen – nicht aus böser Absicht heraus, sondern weil es aufgrund seiner Instinkte gar nicht anders kann!

Daraus ergibt sich noch eine weitere Konsequenz: Ich muss in sämtlichen Lebenslagen kompetent agieren, wenn ich hundertprozentiges Vertrauen und Kooperation von meinem Pferd erwarte. Es ist für diejenigen Menschen, die nicht tagtäglich von morgens bis abends mit Pferden zu tun haben, nicht immer einfach, die Welt mit ihren potenziellen Gefahren mit den Augen des Pferdes (und seinen anderen fein ausgeprägten Sinnesorganen) wahrzunehmen. Es gehören etwas Übung und die generelle Bereitschaft dazu, mehr Pferdemensch zu werden, als man es bisher war. Allerdings wird eine Rangordnung nicht im Moment einer potenziellen Gefahrensituation festgelegt – die Rangordnung hat Ihr Pferd für sich bereits viel früher aufgestellt. Schon bei der ersten Begegnung mit Ihrem Pferd haben Sie ihm durch Ihre individuelle Körperhaltung, Ihren Geruch, Muskeltonus und Hautwiderstand, durch Ihre Stimmlage, Ihre Art sich zu bewegen und den Grad Ihrer inneren Ruhe eine enorme Menge an Informationen über Ihre Befähigung als Leittier übermittelt. Ihr Pferd reagiert entsprechend auf Sie.

Pferdekommunikations-wissenschaft

Die Sinne des Pferdes sind wesentlich feiner ausgeprägt als unsere, und so erhält es stets eine Reihe von Informationen über uns und unser Befinden, die uns gar nicht bewusst sind und von daher überhaupt nicht einkalkuliert werden. Wir „trainieren" unser Pferd also die ganze Zeit, die wir gemeinsam verbringen, durch unsere unbewusste, nichtsprachliche Kommunikation mit unserem Körper und den Zeichen und Signalen, die er aussendet. Mit jeder dieser Informationen, jeder Handlung unsererseits und jeder Reaktion auf das Verhalten des Pferdes geben wir ihm Informationen über unsere Befähigung, die Führungsrolle zu übernehmen. Daher reicht es nicht aus, einige Male durch bestimmte Übungen oder die Anwendung von Hilfsmitteln eine Rangordnung festlegen zu wollen, denn Dominanz ist kein feststehender Status, der einmal etabliert wird und dann automatisch für immer so bleibt.

Hinzu kommt, dass es kein Attribut des Ranghöheren ist, dem Rangniedrigeren ein Verhalten aufzuzwingen. Eine Leitstute zwingt andere Herdenmitglieder nicht dazu, ihr zu folgen. Es geht ganz allgemein im Zusammensein der Pferdeherde mehr darum, zu kommunizieren, was der (rangniedrigere) Sozialpartner **nicht** tun soll. Gehorsamkeit ist nicht unbedingt ein verlässlicher Gradmesser für den Status innerhalb der Rangfolge, denn auch Kommunikationsprobleme können die Ursache für Ungehorsam sein.

Ein Pferd kann sich äußerst brav und folgsam verhalten und seinem Besitzer den Eindruck vermitteln, dass die Rangordnung zu seinen Gunsten geklärt ist, aber ihn dennoch nicht als eine kompetente Führungspersönlichkeit ansehen. (Foto: Wentscher)

Das Pferd prüft uns (zu Recht) so lange, bis es davon überzeugt ist, dass wir verantwortungsbewusste Leittiere sind. Das Überprüfen unserer Führungskompetenz kann sich durch die gesamte gemeinsame Zeit mit dem Pferd hindurchziehen. Hat das Pferd allerdings realisiert, dass wir kompetente Leittiere sind, reduzieren sich die Situationen, in denen wir „überprüft" werden, im Laufe der Zeit unter Umständen drastisch oder sogar vollständig. Dies kann so weit gehen, dass wir uns in gewissen Situationen sogar partiell als „rangniedriger" präsentieren können (das Pferd darf sich zum Beispiel mit dem Kopf an uns scheuern), unser Pferd uns in entscheidenden Situationen aber dennoch nicht hinterfragt.

Je nach Veranlagung und Vorerfahrungen des Pferdes kann dieses Verhalten der Überprüfung unserer Stellung in der Rangordnung einen Besitzer ganz schön zur Verzweiflung bringen. Intelligenter ist es allerdings, sich bewusst mit der Thematik auseinanderzusetzen und systematisch eine Lösung zu erarbeiten und nicht in ewigen Streit mit seinem Pferd zu geraten, schlecht von ihm zu denken oder es gar in die Kategorie „Problempferd" einzustufen.

Schauen wir uns ein Beispiel zur Illustration an: Sie möchten Ihr Pferd von der Weide holen, aber es reißt sich los und rennt zurück zu den Weidegefährten.

Daraus können Sie zum Beispiel schließen, dass:

- Ihr Pferd gelernt hat, Sie als Führungspersönlichkeit nicht sehr ernst zu nehmen,
- Ihr Pferd lieber saftiges Gras frisst, als mit Ihnen in der Reithalle Runde um Runde zu drehen,
- Sie sich so verhalten haben, dass Sie Ihr Pferd (unabsichtlich) von sich fortgetrieben haben,
- Ihr Pferd nicht bei Ihnen bleiben konnte, weil Sie so verkrampft und ängstlich waren, dass es eine größere Gefahr in der Nähe vermuten musste,
- Ihr Pferd die Arbeit und das Zusammensein mit Ihnen generell nicht als angenehm empfindet,
- Ihr Pferd keine richtige Erziehung und Ausbildung erfahren hat,
- Ihr Pferd generell keine Qualität im Zusammensein mit Menschen findet.

Diese Aufzählung ließe sich beliebig fortsetzen.

Wenn Sie sich dann beim nächsten Mal mit einer Trense und einer Gerte „bewaffnen" und beide rigoros einsetzen, ohne die Ursachen für das Verhalten Ihres Pferdes zu erforschen, beweisen Sie Ihrem Pferd zwar, dass Sie durchaus in der Lage sind, ihm Schmerzen oder unangenehme Gefühle zuzufügen, aber nicht, dass Sie in Freundschaft und mit Verantwortungsgefühl bei der Sache sind. Ihr Pferd lernt zwar, dass es schmerzhafte Konsequenzen für sein Verhalten gibt, die mit Ihrer Person korreliert sind, aber es lernt nicht, Ihnen vertrauensvoll zu folgen und bei Ihnen zu bleiben, weil Sie die Leitposition in Ihrer Zweierherde innehaben.

Wenn Sie stattdessen engagiert beschließen, mit Ihrem Pferd ein ausgefeiltes „Dominanztraining" durchzuführen und es mittels einiger Übungen davon überzeugen wollen, dass Sie den Führungsanspruch innehaben, lernt Ihr

Pferd lediglich, dass Sie in einer bestimmten Situation an einem bestimmten Ort auf mechanische Weise bestimmte Bewegungen aus ihm herausgekitzelt haben, die Ihren Führungsanspruch untermauern, aber immer noch nicht, dass Sie ein vertrauensvoller Partner sind, mit dem es gern zusammen ist.

Dennoch sind dies die gut gemeinten Ratschläge, die Ihnen Ihr Reitlehrer oder Ihre Stallkollegin geben, wenn Probleme dieser Art auftreten – und dies im besten Wissen und Gewissen. Leider führen diese Tipps oft nur dazu, dass Ihr Pferd vielleicht oberflächlich betrachtet gehorsamer erscheint, weil es Schmerzen vermeiden will, aber nicht dazu, dass es mehr Qualität im Zusammensein mit Ihnen empfindet. Submission ist nicht unbedingt ein untrügliches Zeichen für eine geklärte Rangfolge oder Indiz für erfolgreiches Leadership.

Intelligenter Umgang und kommunikative Kompetenz mit Pferden gehen über den Einsatz von Hilfsmitteln hinaus, indem wir uns selbst in den Schulungsprozess mit einbeziehen. Anstatt also „aufzurüsten" und Ihr Pferd zum „Problempferd" zu deklarieren (Haben Sie sich auch schon mal gefragt, wo das Zuchtgebiet „Problem" liegt und was dort für eine komische Rasse gezüchtet wird?), sollten Sie sich lieber ehrlich fragen, ob das, was Sie vorhaben, intelligent oder dumm ist beziehungsweise ob es Erfolg versprechend ist oder eher nicht. Trauen Sie sich, Ihre Fähigkeiten mit Pferden realistisch einzuschätzen, dazu gehört auch Ihre kommunikative Kompetenz und dementsprechend zu handeln – dies kann Ihnen Ihr Leben retten.

Wenn Sie nicht authentisch autoritär wirken und Ihr Pferd nicht zu den erfahrenen oder entspannten Exemplaren dieser Spezies gehört, suchen Sie sich kompetente Hilfe und sammeln Sie positive Erfahrungen, die mit Bedacht geplant sind, um Ihre Selbstsicherheit zu steigern und Ihnen Ihrerseits das Vertrauen zu den Pferden zurückzugeben.

Definition des eigenen Führungsstils

Die Beziehung zu unserem Pferd liefert wichtige Hinweise und Rückschlüsse auf die Wirkung und Wirksamkeit unserer Körpersprache und Mentalkraft. Vor allem wenn immer wieder Probleme auftauchen, ist zu überprüfen, ob wir mit dem adäquaten Maß an Autorität reagieren und ob wir im richtigen Moment disziplinieren oder loben.

Wenn Sie selbst von Natur aus eher ängstlich und zurückhaltend sind, Ihr Pferd dagegen jung und ein herausfordernder Typ ist, müssen Sie sich sehr disziplinieren und anstrengen, um eine klare Rangordnung zu etablieren. Denn je passender ein Team ist, umso reeller stehen die Chancen für eine erfolgreiche und harmonische Zusammenarbeit. Deshalb sollten Sie sich bei der Anschaffung eines Pferdes vorher Gedanken über Ihre Führungsqualitäten machen und versuchen, den eigenen Führungsstil zu definieren. Auch wenn Sie Ihr Pferd schon gefunden haben – oder umgekehrt –, lohnt es sich, sich einer kritischen, aber freundlichen

Was läuft hier schief? Eine genaue und kritische Selbstanalyse liefert bessere Lösungen als die Schuldzuweisung an das Pferd. (Foto: Slawik)

Selbstanalyse zu unterziehen. Ihr Pferd deckt in jedem Fall auf, ob das Bild, das Sie von sich selbst haben, mit demjenigen Ihres Pferdes übereinstimmt.

Wer immer wieder und unerklärlicherweise Schwierigkeiten bei der Führung hat, kann so zu den Ursachen der Probleme vorstoßen. Vielleicht stimmt Ihre innere Einstellung mit Ihrer Körpersprache nicht überein? Oder Ihr Führungsstil ist auf Kollegialität und Nachgiebigkeit ausgerichtet, Ihr Pferd hat aber klare Ansprüche, die mehr faire Autorität verlangen, weil Sie zu wenig Orientierung bieten? Oder Sie sind sehr dominant, es fehlt Ihnen aber an der Klarheit der Signale, sodass diese Verwirrung statt Gehorsam auslösen?

Eine Rangordnung etablieren

Wie wir gesehen haben, geben wir dem Pferd über unsere Körperhaltung, unsere Stimme, unseren Geruch, den Muskeltonus und den Hautwiderstand eine Menge Informationen über uns, die es auch zu seiner persönlichen Etablierung der Rangfolge analysiert und auswertet. Dieses instinktive Vorgehen wird dem Pferd von Natur aus genetisch mitgegeben, um das Überleben zu sichern.

Generell lässt sich feststellen, dass das ranghohe Pferd (in der Herde) soziale Interaktionen initiiert und beendet und die Individualdistanz als Erstes unterschreitet. Daher ist es nützlich, dieses Verhalten der Pferde untereinander auf unser Zusammensein zu übertragen. Ranghohe Pferde kontrollieren die Ressourcen und haben Zugang zu ihnen, wenn sie wollen. Auch wir Menschen kontrollieren viele Ressourcen unserer Pferde, bestimmen ihren Tagesablauf und erhalten so eine Art „Vorteil" bezüglich unseres Status.

Eine Rangordnung wird auch durch Imponierverhalten etabliert, das in der gesteigerten Form Elemente aggressiven (Droh-)Verhaltens enthält. Durch das Zeigen von Imponierverhalten allein, unter Umständen mit mäßig bis gesteigerten aggressiven Signalen und Displays, ist aber noch keine Etablierung der Rangfolge möglich.

Der jeweilige Adressat muss dies erst entweder durch submissive Signale oder Rückzug bestätigen oder beherzt zurückdrohen beziehungsweise -imponieren, bis abschließend geklärt ist, wer nun die Führung übernimmt. Wollen wir selbst die Rangordnung zu unserem Pferd „positiv" etablieren, nutzen wir vorzugsweise diejenigen Verhaltensweisen, die für die Bildung freundschaftlicher Beziehungen von Bedeutung sind. Dazu gehört zum Beispiel: Wer kann sich wem freundschaftlich annähern (sodass dieses Pferd nicht den Rückzug antritt)? Wer beschützt wen vor unliebsamen Interaktionen anderer Herdenmitglieder? Wer beginnt bei wem mit der gegenseitigen Fellpflege (Allogrooming)?

Imponierverhalten kann auch aggressive Signale beinhalten; im sozialen Leben muss ein Partner dies anerkennen oder auch nicht. (Foto: Slawik)

Aufmerksamkeit und Bewusstheit

> *Die Welt wird nicht bedroht von den Menschen, die böse sind, sondern von denen, die das Böse zulassen.*
>
> *Albert Einstein*

Ob Sie nun bestimmte Probleme mit Ihrem Pferd haben oder nicht: Es ist immer sehr spannend, mal eine Zeit lang darauf zu achten, wie Sie sich in Ihrem Stall und Ihrem Pferd gegenüber „benehmen", und darüber nachzusinnen, wie Ihr Pferd Sie und Ihr Verhalten wahrnimmt.

Überprüfen Sie die Art, auf Ihr Pferd zuzugehen:

- Sind Sie eher der Typ, der sich zum Stall „schleppt", oder sind Sie in der Lage, körperliche Wehwehchen und persönliche Probleme am Eingang des Stalls abzulegen und sich auf die gemeinsame Zeit zu konzentrieren?
- Zerren Sie Ihr Pferd aus der Box oder begrüßen Sie es im freundlichen, ruhigen Ton und warten, bis es seinerseits zu Ihnen kommt, um es dann ausgiebig am Widerrist zu kraulen, bevor Sie an die gemeinsame Arbeit denken?
- Lassen Sie Ihr Pferd ewig angebunden stehen und debattieren derweil mit Kollegen wild gestikulierend auf der Stallgasse, erwarten aber (vor allem, wenn Sie in ganzen Sätzen mit Ihrem Pferd sprechen), dass Ihr Pferd hingebungsvoll jedem verbalen Befehl Ihrerseits sofort nachkommt?
- Wenn Ihr Pferd zu scharren beginnt, denken Sie darüber nach, ob es zum Beispiel urinieren muss und dies nicht auf der Stallgasse tun möchte? Oder werfen Sie eine Bürste nach ihm und einige Drohungen hinterher?
- Gehören Sie zu den Menschen, die es als Affront betrachten, wenn Ihr Pferd seine Position verändert und sich, obwohl es angebunden ist, einen Schritt weiter bewegt, um eine bequemere Position zu finden?
- Zerren Sie an den Beinen herum, ohne auf die Position des Pferdes zu achten, und werden ungemütlich, wenn Ihr Pferd nicht sofort die Hufe zum Auskratzen gibt?
- Erwarten Sie von Ihrem Pferd, dass es, nachdem es wieder 23 Stunden in der Box eingesperrt war, beim Einbandagieren aller vier Beine wie eine Statue steht und dafür 20 Minuten später eine Grand-Prix-reife Trabverstärkung hinlegt?
- Sind Sie insgeheim davon überzeugt, dass Ihr Pferd einen Vertrag unterschrieben hat, dass es gern mit kaltem Wasser an den Beinen abgespritzt wird oder in einen engen Transporter gequetscht wird, ohne zu wissen, welches Schicksal am Ende der Reise wartet?
- Stand in dem Vertrag ebenfalls, dass es nie einen Fehler machen darf und keine Angst mehr hat, egal wie verwirrend Sie sich verhalten und wie merkwürdig Ihre Ansprüche ihm erscheinen mögen?
- Erwarten Sie von Ihrem Pferd, immer hoch motiviert zu sein, obwohl Sie selbst eigentlich lieber auf der Couch liegen würden? Erwarten Sie, dass Ihr Pferd ausdrucksstark piaffiert oder

einen Oxer von 1,60 Meter springt, weil das Pferd Ihrer Freundin das schließlich auch kann?

- Denken Sie, Ihr Pferd könnte sich „gefälligst" mal dankbar zeigen, weil Sie für die neue Stalldecke mit den farblich passenden Gamaschen ein Vermögen ausgegeben haben?!

Es ist Ihre Aufgabe zu lernen, die Welt aus dem Blickwinkel Ihres Pferdes zu sehen und zu beurteilen und, darauf aufbauend, sich immer zu fragen: Wie schaffe ich es, dass mein Pferd diese Aufgabe oder Anforderung unproblematisch erfüllen oder ausführen kann, ohne dass es mit seinen Instinkten in Konflikt gerät?

Die Bedeutung der Körpersprache

Vor einiger Zeit beobachtete ich eine Frau, die beim Reiten sehr liebevoll und freundlich zu ihrem Pferd sprach. Nachdem ihre Reitstunde beendet war, befahl sie ihrem Pferd: „Steh!", und ging dann flott seitlich weg, um einen Hufkratzer zu holen. Das Pferd, dem nun mal eine deutliche Körpersprache mehr sagt als 1000 gesprochene Worte, folgte artig seiner Besitzerin. Daraufhin fuhr sie herum, beschimpfte das Pferd und riss aufs Heftigste an den Trensenzügeln, bis es wieder auf seinem Platz stand. Das Pferd war hochgradig verwirrt von dieser Situation. Wieder entfernte sich die Frau und wieder lief das artige Pferdchen hinter seiner Besitzerin her. Erneut wurde es beschimpft und brutal rückwärtsgerichtet. Die Empörung der Frau nahm immer mehr zu, genauso wie die Verwirrung des Pferdes. Das Schlimmste war, dass die Frau das vermeintliche Fehlverhalten ihres Pferdes persönlich nahm, als wolle es „absichtlich" böse sein und nicht auf ihren verbalen Befehl gehorchen.

Analysieren wir diese Geschichte genau, ergibt sich dreierlei. Erstens: Wenn Sie gern mit Ihrem Pferd sprechen, ist das okay, solange Sie nicht erwarten, dass verbale Anweisungen, die Sie „plötzlich" inmitten Ihres allgemeinen Geredes geben, dann auch befolgt werden. Wie soll Ihr Pferd aus dem Wirrwarr an gesprochenen Worten erkennen, wann und wie es zu reagieren hat? Es gibt Pferde, die scheinbar sehr gut auf gesprochene Anweisungen, zum Beispiel beim Longieren, reagieren – meiner Meinung nach aber nur, weil der Mensch für gewöhnlich kleine körperliche Signale mitschickt (von großen, sehr „lauten" Signalen wie dem Anheben einer Longierpeitsche ganz abgesehen), die ihm selbst nicht sonderlich bewusst sind.

Überlegen Sie stets, ob Ihr Pferd Ihre Hilfe oder Anweisung auch verstanden hat und vor allem verstanden haben kann, besonders wenn etwas nicht klappt. Kommt Ihr Pferd Ihrer Aufforderung nicht nach, liegt es in den allermeisten Fällen nicht daran, dass Ihr Pferd aus „Problemhausen" kommt, sondern weil Sie sich missverständlich ausgedrückt haben. Vermeiden Sie es dann im Folgenden, immer lauter und lauter die gleiche Anweisung zu wiederholen, sondern überlegen Sie, wie Sie sich anderweitig verständlich machen können.

Wenn Sie möchten, dass Ihr Pferd lernt und weiß, wann es irgendwo stehen bleiben soll, trainieren Sie zunächst das „ground tying", also

das Stehenbleiben, wenn zum Beispiel die Longe am Boden liegt. Dabei sollten Sie die Körpersprache unterstützend hinzunehmen, das heißt Sie bewegen sich nicht von Ihrem Pferd weg, indem Sie sich umdrehen, sondern Sie bleiben frontal, mit Augenkontakt, und gehen dabei rückwärts.

Dies wird Ihr Pferd viel eher begreifen und der Aufforderung dann willig nachkommen. Dennoch muss diese Übung sehr sorgfältig und immer wieder praktiziert werden, dazu in unterschiedlichen Situationen und an verschiedenen Orten, bis sie gut und verlässlich klappt. Wirklich unbeobachtet sollte Ihr Pferd aus Sicherheitsgründen trotzdem nicht dabei sein.

Zweitens: Versuchen Sie stets, sachlich zu bleiben. Ihrem Pferd zu unterstellen, dass es etwas absichtlich nicht oder falsch macht, ist eine Einstellung, die in einer Sackgasse endet und für Frust auf beiden Seiten sorgt. Überprüfen Sie Ihre innere Einstellung generell: Fühlen Sie sich „im wirklichen Leben“ auch oft so behandelt, und sind die anderen stets die Schuldigen? Revidieren Sie diese Einstellung und lösen Sie sich bewusst aus dieser Opferhaltung, indem Sie den anderen die Machtgrundlage für persönliches Scheitern und Misserfolge entziehen. Nähern Sie sich in kleinen, gut organisierten Schritten hin zu mehr Eigenverantwortlichkeit und belohnen Sie sich ausgiebig für positive Resultate.

„Schaut her, wie konsequent ich bin.“ Wer einen Drang zu dieser Form der Selbstdarstellung hat, sollte lieber eine andere Sportart wählen. (Foto: Slawik)

Ständiges Strafen und Meckern belasten die Beziehung zwischen Reiter und Pferd. Mein Eindruck ist, dass viele Menschen die Erziehung ihres Pferdes als öffentliche Zurschaustellung ihrer vermeintlichen Konsequenz erachten.

Mit anderen Worten: Es wird geschimpft, geruckt, sporniert und mit der Gerte nicht gespart, um den Mitreitern oder Stallkollegen ein klares Bild über die eigenen Erziehungsqualitäten zu vermitteln und unmissverständlich zu signalisieren, dass man sich vom Pferd „nichts gefallen lässt“. Sollten Sie sich nach freundlicher, aber ehrlicher Selbstanalyse hier zum Teil wiedererkennen, treffen Sie bewusst die Entscheidung, ob Ihnen Ihr Ruf als „Erzieher in allen Lebenslagen“ oder die harmonische Beziehung zu Ihrem Pferd wichtiger ist, und richten Sie Ihre Aktionen dementsprechend aus. Nehmen Sie nicht zuletzt auch Ihre Vorbildfunktion gegenüber Kindern und Jugendlichen ernst!

Wenn Sie kein gutes Beispiel sein können, seien Sie wenigstens eine gute abschreckende Warnung.

Anonym

Überlegen Sie, ob das, was Sie von Ihrem Pferd erwarten, realistisch ist. Die allermeisten Dinge, die wir mit Pferden und sie für uns tun, machen für Pferde nicht den geringsten Sinn oder widersprechen zuweilen sogar vollständig ihrer Natur. Dennoch machen sie vieles mit und sind sehr lern- und adaptionsfähig. Dies sollte uns nicht dazu verleiten anzunehmen, dass ihnen stets klar ist, was von ihnen erwartet wird. Es widerspricht der Natur des Pferdes, allein irgendwo still stehen zu bleiben. Als Fluchttier ist es ständig in Bewegung und als hochsoziales Wesen mag es auch nicht gern allein sein. Stellen Sie sich vor, wie Sie sich fühlen würden, wenn Sie selbst 30 Minuten bei eintretender Dunkelheit allein (ohne Handy) an einer einsamen Bushaltestelle warten müssten. Immerhin wissen Sie, dass irgendwann ein Bus kommen wird. Ein Pferd, das im Augenblick, in der Gegenwart lebt, kann es als Strafe oder zumindest als sehr unangenehm empfinden, wenn es allein bleiben soll, weil es im Gegensatz zu uns nicht weiß, wie lange dieser Zustand andauern wird.

Und schließlich drittens: Wenn Sie Ihr Pferd wirklich einmal (aus berechtigtem Grund) disziplinieren müssen, verharren Sie nicht in dieser Streitsituation. Es empfiehlt sich, genau an der gleichen Stelle eine kleine Übung abzufragen und das Pferd dann für seine Folgsamkeit wieder aufrichtig und großzügig zu belohnen. Pferde lernen sehr kontextbezogen und versuchen Orte, an denen ihnen Schmerz zugefügt wurde, in Zukunft zu meiden. Werden Sie gezwungen, diese Orte wieder aufzusuchen, nehmen sie dort eine unwillige oder verkrampfte Haltung ein, die zuweilen zu so viel innerer Spannung führen kann, dass sie sich in Übersprungshandlungen (extremes Scheuen mit Flucht, Steigen oder Bocken) äußern kann.

Das Bocken kann auch eine Übersprungshandlung sein, wenn das Pferd in eine Situation gebracht wird, die an mit Schmerz verbundene vorherige Erlebnisse erinnert. (Foto: Slawik)

Ist Ihr Pferd vorwiegend durch Lob konditioniert, kann ein Weglassen desselben als „Strafe“ ausreichen. Eine wirkliche Disziplinierung sollte nur dann erfolgen, wenn Ihr eigener individueller Schutzraum vom Pferd verletzt wurde oder es zum Beispiel in jungen Jahren dabei ist, seine Grenzen auszutesten. So folgt auf eine Verletzung der Rangordnung eine kurze und unmissverständliche, aber emotionslose Disziplinierung. Sofort im Anschluss sollten Sie dann eine positive Situation kreieren und die konzentrierte Arbeit wieder aufnehmen. Pferde erinnern sehr wohl schlechte Erfahrungen, dies ist aber etwas anderes, als nachtragend zu sein. Gehen Sie mit gutem Beispiel voran und etablieren Sie baldmöglichst wieder eine positive Lernstimmung.

Freundschaft schließen

Damit Sie ein Freund und ein wertvoller Freizeitpartner für Ihr Pferd werden, sollten Sie zunächst herausfinden, was das Pferd gern hat. Die allermeisten domestizierten Pferde lieben es, geputzt, gekrault und gestreichelt zu werden. Befreundete Pferde beknabbern sich gegenseitig, und durch die Unterschreitung der Individualdistanz wird das Band zwischen ihnen gefestigt. Besonders schwierige Pferde kraule ich an der Schweifrübe und nehme mir auch mal die Zeit, den Schweif vorsichtig zu verlesen – dabei können Pferde wunderbar entspannen und den Menschen als positiv erfahren.

Was Pferde entgegen der landläufigen Meinung und Praxis nicht mögen, ist ein festes Klatschen oder Schlagen auf den Hals oder andere Körperteile. Pferde sind am ganzen Körper so empfindlich wie wir Menschen an den Fingerspitzen und mögen deshalb sanfte Berührungen lieber. Das „Schlagen“ auf den Pferdehals gehört zu den „sekundären positiven Verstärkern“; das heißt, dass ein Pferd zunächst lernen muss, dass dies etwas positiv Gemeintes ist, während „primäre positive Verstärker“ wie Nachlassen des Drucks, Entspannungspausen, Fellpflege und Futter sofort und ohne vorangehenden Lernprozess als Belohnungen verstanden werden.

Es ist vermutlich ein Adaptionsprozess innerhalb der Domestizierung, dass viele Pferde es mögen, wenn man ruhig und schmeichelnd mit ihnen spricht. Dabei können Sie sich auf wenige, gut gemeinte Worte beschränken und leise sprechen, denn Pferde hören deutlich besser als wir.

Pausen zum Entspannen sind ein geeignetes Lob für jedes Pferd. (Foto: Wentscher)

Wenn Sie das Pferd einmal disziplinieren müssen, reicht bei sensiblen Pferden ein „böser" Gesichtsausdruck bis hin zu einem scharf ausgesprochenen „Nein". Ihrem Pferd ist der Unterschied zu Ihrem „neutralen" oder freundlichen Gesichtsausdruck und Ihrer ansonsten sanften und schmeichelnden Stimme sofort klar.

Seien Sie locker und freundlich im Umgang und erziehen Sie sich dazu, angestaute Probleme nicht an Ihrem Pferd auszulassen. Wenn Sie merken, dass Sie an einem Tag ungewöhnlich ängstlich oder verspannt sind, legen Sie es nicht auf einen Konflikt an, denn Ihr Pferd spürt, was mit Ihnen los ist. Lassen Sie Ihr Pferd stattdessen lieber frei laufen oder springen oder machen Sie einen ausgedehnten gemeinsamen Spaziergang oder einen gemütlichen Ausritt – dies ist für Ihrer beider Psyche besser als eine mehr schlecht als recht absolvierte Reitstunde.

Seien Sie fair zu Ihrem Pferd. Pferde haben ein untrügliches Gespür dafür, wenn sie ungerecht behandelt werden. Ein Pferd für etwas zu bestrafen, was nicht unmittelbar (bis zu drei Sekunden!) vorher geschah, ist unter allen Umständen zu vermeiden! Pferde leben im Augenblick – auch wenn sie sich für gewöhnlich an sehr viel erinnern. Hat Ihr Pferd die nagelneue Decke in Fetzen gerissen, dürfen Sie im Nachhinein keinen Aufstand machen. Sie bekommen dafür garantiert nicht den Friedensnobelpreis, aber Sie behalten ein Pferd, das sich nicht vor Ihnen fürchten muss, weil Sie aus seiner Sicht nicht „plötzlich und ohne erkennbaren Grund total ausgeflippt" sind.

Manchmal ist ein entspannter Ausritt für die Psyche von Mensch und Tier wesentlich besser geeignet als eine Dressurstunde, die schon mit schlechter Laune anfängt. (Foto: Wentscher)

Achten Sie darauf, was Ihr Pferd mag und was es nicht ausstehen kann. Viele Pferdebesitzer denken, sie wären kein guter Halter, wenn sie ihren Pferden nicht ständig die Beine abspritzen. In vielen Ställen ist kein warmes Wasser vorhanden. Machen Sie sich nicht dadurch unbeliebt, dass Sie Ihrem Pferd dies unreflektiert antun. Wenn Ihr Pferd Ihnen bereits zum Beispiel dadurch „gesagt" hat, dass es unwillig zum Waschplatz geht, tänzelt und scheut, dass es das Abspritzen nicht mag, Sie aber weiterhin darauf bestehen möchten, machen Sie es ihm zumindest so angenehm wie möglich. Beginnen Sie am Huf des rechten Hinterbeins, also an dem Bein, das am weitesten vom Herzen entfernt ist, und arbeiten Sie sich langsam vom Kronrand zum Sprunggelenk vor. Darauf folgen das linke Hinterbein und das rechte Vorderbein. Zuletzt lassen Sie das Wasser über das linke Vorderbein laufen. Überlegen Sie, wie lange Sie wohl noch mit Ihrem Partner befreundet wären, wenn dieser Sie stets zur Begrüßung kalt abbrausen würde, ungeachtet dessen, wie laut Sie protestieren würden – und wenn er Sie dann auch noch dabei anbrüllen würde, Sie sollten gefälligst ruhig stehen bleiben.

Etwas zu tun, weil alle anderen es machen oder es schon immer so getan wurde, ist das denkbar schlechteste Argument in meinen Augen. Hier ein weiteres Beispiel zur Illustration: Die allermeisten Menschen steigen ausnahmslos immer von links auf ihr Pferd auf und die meisten Pferde sind es daher auch nur von links gewöhnt. In der Heeresdienstvorschrift von 1871 wurde diese Regel festgelegt, weil der Säbel der berittenen Soldaten links getragen wurde und sie daher beim Aufsteigen von rechts behindert hätte.

Wasser kann richtig Spaß machen, wenn man weiß, wie man es positiv belegt. (Foto: Wentscher)

Mich erstaunt es, wie viele Menschen allein deshalb schief auf ihren Pferden sitzen, weil ihre Steigbügellängen teilweise extrem variieren. Dies liegt daran, dass sie immer von links aufsteigen und vergessen, die Bügelriemen regelmäßig zu tauschen, sodass diese sich durch gleichmäßige Beanspruchung verlängern können. Heute weiß man zudem, dass sich die jahrelange einseitige Gewichtsbelastung beim Aufsteigen negativ auf den Rücken des Pferdes auswirkt (abgesehen davon verzieht sich auch der Sattel), und daher ist es eigentlich das Vernünftigste, von einer Aufsteighilfe aufzusteigen, die heutzutage glücklicherweise in vielen Ställen wieder populär wird. Dennoch ist es ein Zugewinn, wenn Sie ebenfalls sicher und geschmeidig von rechts aufsteigen können und auch Ihr Pferd damit vertraut ist.

Gehören Sie zu den Reitern, die (noch) nicht zügelunabhängig sitzen und daher eine stete Unruhe im Maul ihres Pferdes erzeugen? Wenn Sie es nicht wissen, bitten Sie jemanden, Sie genau zu beobachten oder zu filmen. Es ist keine Schande, wenn dem so ist – Sie sind definitiv nicht allein. Nehmen Sie bei einem versierten Trainer Sitzunterricht an der Longe, bis sich Ihr Sitz deutlich verbessert hat, und benutzen Sie eine milde, gebisslose Zäumung. Wie soll Ihr Pferd freundschaftliche Gefühle für Sie hegen, wenn Sie zu einem „personifizierten" Schmerz geworden sind?

Die folgende Liste wird Ihnen weitere Anhaltspunkte dafür geben, wie Sie die Beziehung zu Ihrem Pferd nachhaltig verbessern können:

Begrüßung

Nehmen Sie sich immer einen Moment Zeit, kraulen Sie Ihr Pferd am Widerrist und sagen Sie leise ein paar nette Worte.

Putzen

Befreundete Pferde betreiben gegenseitige Fellpflege. Beobachten Sie Ihr Pferd und finden Sie heraus, was es mag. Manche Pferde sind sehr kitzelig oder berührungsempfindlich – dann helfen kreisende Massagen mit weichen Kunststoffstriegeln. Jedes Pferd entspannt sich, wenn der Schweif sorgsam und vorsichtig von unten ausgekämmt oder verlesen wird. So gut wie alle Pferde lieben es, am Hals gekrault und gekratzt zu werden – ein absoluter Liebesbeweis Ihrerseits!

Hufe auskratzen

Stellen Sie sicher, dass Ihr Pferd in der richtigen Position steht, um Ihnen den gewünschten Huf zu geben. Anderenfalls erlauben Sie dem Pferd, sich anders hinzustellen, oder bewegen Sie es aktiv in die gewünschte Stellung. Lassen Sie Ihre Finger sanft an der Innenseite des Beins hinuntergleiten; das reicht bei den meisten Pferden, um das Bein sanft anheben zu können. Gezerre an den Köten oder in der Fesselbeuge ist zu vermeiden und produziert nur Widerstand – wie alles andere, was Schmerzen oder Unbehagen verursacht.

Auftrensen

Ein eiskaltes Trensengebiss im Winter ist sicher nicht das Angenehmste für das Pferd. Nicht nur „empfindliche Pferde“ freuen sich, wenn das

Der sogenannte „LG-Zaum“ ist eine gut geeignete Zäumung für gebissloses Reiten. (Foto: Wentscher)

Gebiss vor dem Auftrensen angewärmt wurde, bevor ein generelles Trensenproblem entsteht. Überprüfen Sie das Gebiss auf scharfe Kanten und ersetzen Sie es, falls es abgenutzt ist. Heute werden immer noch oft zu dicke Gebisse benutzt, die in dem relativ kleinen Pferdemaul gar keinen Platz haben. So entstehen Probleme wie zum Beispiel das Zungenstrecken. Möglicherweise reiten Sie ebenso gut mit einer gebisslosen Zäumung wie zum Beispiel dem sogenannten „LG-Zaum“.

Abtrensen

Warten Sie immer, bis das Pferd das Gebiss von sich aus ausspuckt, und zerren Sie es nicht aus dem empfindlichen Maul oder über die Zähne.

Satteln

Satteldecken sollten niemals voller Haare oder schmutzverkrustet aufgelegt werden, damit es nicht zu Scheuerstellen und (berechtigten) Widersetzlichkeiten des Pferdes kommt. Auch Lammfelldecken und Gurtschoner verkrusten und müssen sorgsam gepflegt werden. Vor allem zu dicke und junge Pferde oder solche mit schlechter Gurtlage haben häufig kleine Scheuerstellen, die unangenehm sind. Ihren Sattel (natürlich perfekt von einem Fachmann angepasst) legen Sie sorgfältig auf und gurten gefühlvoll an, also immer in mehreren Etappen. Leider haben Pferde noch keine Gewerkschaft gegen schlecht passende Sättel gegründet.

Reiten

Nehmen Sie sich Zeit für eine adäquate Aufwärmzeit und entsprechende Lösungsphase. Stellen Sie sicher, dass Ihr Pferd die körperliche Fitness und geistige Reife für die gestellten Aufgaben mitbringt. Überlegen Sie stets, ob Ihre „Bitte" richtig formuliert ist, wenn Ihr Pferd nicht das gewünschte Verhalten zeigt. Bauen Sie (vor allem nach gut gelungenen Aufgaben) viele Entspannungsphasen ein, lassen Sie Ihr Pferd also am langen Zügel abstrecken, bevor es Ihnen die Zügel aus der Hand zerren muss, um Ihnen zu zeigen, dass die Halsmuskulatur schmerzt und sich vor einem weiteren Reiten in Aufrichtung entspannen muss.

Das ausgeprägte Drohverhalten beim Satteln (Sattelzwang) hat seine häufigste Ursache in einem schlecht sitzenden Sattel. (Foto: Wentscher)

Wenn die Zäumung scharf genug ist, bleibt jedes Pferd in der aufgezwungenen Haltung – und wenn die Halsmuskulatur noch so schmerzt. (Foto: Wentscher)

Trauen Sie sich ruhig mal aus der Halle heraus. Ein Ausritt mit Freunden gehört zu den schönsten Erlebnissen, wenn Sie einander unterstützen und aufeinander aufpassen.

Gerte und Sporen

Gerte und Sporen sind Touchierhilfen und sollten auch nur als solche eingesetzt werden. In unruhigen Händen oder an unruhigen Beinen haben diese Hilfsmittel nichts zu suchen. Setzen Sie beides so sparsam wie möglich ein. Falls Ihnen dies nicht gelingt, probieren Sie aus, welche Entspannungstechnik (Autogenes Training, Yoga und Ähnliches) Ihnen hilft. So verhindern Sie aktiv, dass Ihr Pferd beginnt, gegenüber den Hilfen zu desensibilisieren und abzustumpfen und aufgrund erlernter Hilflosigkeit eine erhöhte Toleranz gegenüber körperlichen Schmerzen zu entwickeln. Vergessen Sie niemals, dass ein Pferd keine „richtigen" Schmerzlaute hat und Sie daher die nonverbale Kommunikation Ihres Pferdes genau studieren sollten. Zu diesen Zeichen gehören unter anderem Schweifschlagen, Scharren und Aufstampfen mit den Hufen, Schweißausbrüche sowie Gurt- und Sattelzwang.

Reiten als Krafttraining – macht keinen Spaß und Pferde „sauer". (Foto: Wentscher)

Die Individualdistanz

Wie wir gesehen haben, ist die Einhaltung des Individualraumes bei Pferden ein wichtiges Kriterium für die Rangordnung. In der Herde dürfen die Fohlen, solange sie gesäugt werden, „ungefragt" in den Bereich der Mutter eindringen. Hengste dürfen ebenfalls in der Werbephase und während der nachfolgenden Paarung(en) die Individualdistanz unterschreiten, weil sie die Stute hinreichend umworben haben und mit entsprechenden optischen und geruchlichen Reizen dazu aufgefordert wurden. Befreundete Pferde haben zumeist eine solch feine Hierarchie untereinander ausgebildet, dass sie, für uns kaum auszumachen, auf sehr subtile Weise das gegenseitige Eindringen in den Individualraum gestatten.

Für uns Menschen bedeutet dies: Wir sollten den persönlichen Individual- oder Schutzbereich des Pferdes grundsätzlich jederzeit unterschreiten und natürlich auch die Box, das Paddock und die Weide stets betreten können. Gleichzeitig hat das Pferd unseren Individualraum nicht ungefragt zu betreten. Ein ranghohes Pferd lässt das rangniedrigere möglicherweise in seinen Bereich eindringen, aber es wird keinesfalls auch nur einen

Schritt aus- oder zurückweichen. Es (be)steht auf dem Grund und Boden, den es eingenommen hat, wie eine feste, unerschütterliche Mauer. Sie müssen sich stets genauso verhalten, wenn Sie die Rangfolge etablieren und erhalten wollen. Dies gilt natürlich auch, wenn Sie mit Ihrem Pferd Probleme haben und in der Vergangenheit dieses sensible Thema nicht beachtet haben.

In der Praxis heißt das konkret: Teilen Sie Ihrem Pferd auf freundliche, aber stets konsequente Art mit, dass es Ihnen zu weichen hat

Auf die freundliche, aber konsequente Art: „Ich möchte nicht überrannt werden." (Foto: Wentscher)

und nicht umgekehrt. Zu den Indizien für die Missachtung der Individualdistanz gehört zum Beispiel, wenn Ihr Pferd Ihnen auf die Füße tritt, Sie bedrängt oder wegdrängelt, Ihre Taschen oder Sie selbst nach Leckerchen absucht und auch, wenn Sie beide schmerzhaft mit den Köpfen zusammenprallen und das Pferd generell Ihren persönlichen Raum nicht beachtet, indem es Sie zum Beispiel überrennt oder in Sie „hineinläuft".

Manche Pferde drücken ihre Bezugspersonen auch mit dem Hinterteil an die Wand oder zur Seite – auch dies ist ein Indiz für ihre Auffassung von der Rangordnung.

Bitte beachten Sie hierbei, dass Pferde, die permanent aufgestallt sind und kein Sozialverhalten mit anderen Pferden praktizieren können, sehr oft dazu neigen, die „Spielregeln" zu vergessen. Dies ist auch darin begründet, dass solche Pferde zumeist nur „Kontakt" zu anderen Pferden in der Reithalle haben und dort von uns „genötigt" werden, Individualräume zu unterschreiten und zu missachten. Gerade wenn mehrere Reiter in der Halle oder auf dem Platz unterwegs sind, kommt es immer wieder zu forcierten Begegnungen, die die Pferde ohne unsere Einflussnahme nicht hätten.

Wenn Sie Ihr Pferd dazu veranlassen möchten, künftig nicht mehr ungefragt in Ihren Individualraum einzudringen, ist eine sorgfältige Analyse Ihres bisherigen Verhaltens und eine sorgfältige Planung der zukünftigen Begegnungen erforderlich. Für die Umsetzung der Konzepte ist es unumgänglich, dass Sie sich als im Rang höherstehend etablieren und Ihrem

Pferd beibringen, wann und wo es wie vor Ihnen zu weichen hat. Am besten gelingt Ihnen dies mit einer veränderten inneren Einstellung durch ihr neu gewonnenes Wissen, sorgsam ausgeführter Bodenarbeit und der Umsetzung Ihrer Prinzipien im Alltag.

Egal, welche Art Halfter Sie persönlich am liebsten verwenden: Wichtig ist, dass Sie sich strikt angewöhnen, einen pulsierenden Druck auszuüben. Wenn Sie einfach nur ziehen, wird das Pferd eher die Tendenz haben, sich in den Druck „hineinzulegen", weil dies der Natur des Pferdes entspricht. Pferde, die einfach nur flüchten würden, wenn sich ein Raubtier wie zum Beispiel ein Löwe oder ein Wolf bereits in ihren Körper verbissen hat, würden riskieren, dass ihre Haut großflächig aufreißt und dabei die inneren Organe freigelegt werden oder sogar herausfallen, was den sicheren Tod bedeuten würde. Daher ist das Pferd darauf angewiesen, sich „in den Druck" zu legen, um im Moment des Nachfassens des Raubtieres entweder zu flüchten oder es mit einem gezielten Schlag abzuwehren. Daher ist die gesamte Grundausbildung des (jungen) Pferdes zunächst darauf ausgelegt, ihm beizubringen, dass es in der Obhut des Menschen dem Druck weichen muss – sei es beim Führen, beim Hochheben der Hufe, beim Anbinden und so weiter.

Auch beim Reiten muss das Pferd lernen, dass es dem Druck des Menschen weichen und sich nicht hineinlegen soll. (Foto: Wentscher)

Wenn Sie einen pulsierenden Druck anwenden, der sich langsam, aber stetig steigert, und sofort nachlassen und loben, wenn Ihr Pferd entsprechend reagiert, bieten Sie ihm die besten Lernchancen. Der zweite Vorteil besteht darin, dass Sie dem Pferd eine Wahlmöglichkeit zugestehen, auf wie viel Druck es reagieren möchte. Sie fördern damit also auch das bewusste Denken im Gegensatz zu instinktiven Reaktionen. Gleichzeitig erreichen Sie damit, dass Sie zukünftig immer feinere Zeichen geben können, denn Pferde sind trotz ihrer teilweise enormen Größe sensible Tiere, die, wenn sie nicht durch harsche Behandlung abgestumpft sind, auf feinste Zeichen und geringen Druck reagieren.

Foto: Wentscher

Rangordnungsarbeit

Die ideale Ausrüstung

Ideale Ergebnisse erzielen Sie entweder mit einem eng geschnallten, gut sitzenden Stallhalfter oder dem Dually®-Trainingshalfter. Das Halfter ist stabil gebaut und hat eine breite Auflagefläche, die nicht wie die dünnen Schnüre eines Knotenhalfters schmerzhaft ins Gesicht oder Genick schneiden kann. Die Einwirkung mit einer Kette über der Nase oder mit einer Trense finde ich persönlich auch zu scharf.

Um so fein wie möglich arbeiten zu können, bietet es sich an, eine Longe zu benutzen. Führstricke, deren Panikhaken bei Druck aufspringen, oder Seile mit schweren Karabinerverschlüssen sind für feines Arbeiten nicht gut geeignet. Eine leichte, aber stabile Longierleine mit einem soliden Wirbelkarabiner ist das ideale Handwerkszeug.

Vor allem wenn es Probleme beim Führen des Pferdes gibt, empfiehlt sich die Benutzung einer Longe. Wenn das Pferd losstürmt, kann ich es ein paar Meter gehen lassen: Wenn kein Dauerdruck vorhanden ist, entspannt sich der Pferdehals und ich kann anschließend, fest auf dem Boden stehend, das Pferd zu mir zurückziehen.

Erfolg durch Sicherheit

Gerade wenn man mit Pferden arbeitet, die durch falsche Behandlung und unnatürliche Haltung verlernt haben, den persönlichen Raum des Menschen zu respektieren, ist es wichtig, dass man sehr viel Selbstbewusstsein ausstrahlt und konsequent handelt. Dies funktioniert am besten, wenn man sich ausreichend schützt. Auf jeden Fall ist es ratsam, Handschuhe zu tragen, die einen festen Griff erlauben, ohne rutschig zu werden.

Auch das Tragen einer Reitkappe bei der Bodenarbeit verschafft Ihnen ein größeres Sicherheitsgefühl. Schuhe mit Stahlkappen verhindern schmerzhafte Verstauchungen und Brüche von Zehen und Fußknochen.

Auch Schutzwesten können hilfreich sein, wenn sie Ihre Bewegungsfreiheit nicht zu sehr einschränken: Je besser Sie geschützt sind, desto selbstsicherer treten Sie gegenüber dem Pferd auf.

Natürlich gehört auch eine sichere Umgebung dazu. Auf einer rutschigen Wiese oder einem schlammigen Paddock können Sie sich nicht so geschmeidig bewegen und agieren, wie es oft erforderlich ist. Ein sicher eingezäunter Platz mit einem rutschfesten Boden bietet die besten äußeren Bedingungen.

Erfolg durch die richtige Lernatmosphäre

Ein nicht unerheblicher Teil der Lernatmosphäre wird durch den Trainer geprägt. Früher in der Schule gab es Lehrer und Lieblingslehrer – zu Letzteren hatten wir eine persönlichere Beziehung, weil wir ihre Sympathie und ihr Interesse spürten oder sie Wissen wirklich interessant und lehrreich sowie in einer heiteren, aber konzentrierten Art vermitteln konnten.

Es ist zwar ideal, wenn Sie von Beginn an einen positiven Eindruck bei Ihrem Pferd hinterlassen, aber Sie können die Beziehung zum Pferd jederzeit (wieder) verbessern, indem Sie es in speziell darauf abzielenden Trainingseinheiten wiederholend auf Erfolg konditionieren. Hierzu wählen Sie Übungen,

1. die dem Pferd leichtfallen,
2. die das Pferd gern macht, oder solche,
3. die es vermutlich leicht lernt.

Dabei ist es nicht wichtig, ob die Übungen aus der Bodenarbeit stammen oder ob Sie vom Sattel aus trainieren. Sie können zum Beispiel üben, Ihr Pferd rückwärts und vorwärts in seinen Stall zu führen, und es dazu veranlassen, jedes Bein einzeln vor und zurück zu bewegen, um es am Boden manövrierbarer zu machen. Oder Sie trainieren im Sattel Trab-Galopp-Übergänge oder Schulterherein im Galopp, je nach Ausbildungsstand. Wichtig ist, dass Sie Ihr Pferd oft und herzlich loben können, mit sanftem Streicheln und erfreuter Stimmlage. Sogar ein Schulpferd, das noch von anderen Reitschülern geritten wird, kann für Sie besser und williger arbeiten, wenn es spürt, wie ehrlich hocherfreut Sie über seine Anstrengungen und Leistungen sind. So konditionieren Sie ein Pferd auf Erfolg und stärken den Teamgeist zwischen Ihnen.

Gute Laune steckt an – und stärkt den Teamgeist! (Foto: Slawik)

Es genügt, das Pferd zu ignorieren, wenn eine Übung nicht sehr gekonnt ausgefallen ist. Strafen sollten generell unterlassen werden und so weit wie möglich durch konsequentes Ignorieren ersetzt werden. Idealerweise lassen Sie die Gerte im Schrank und konzentrieren sich voll auf Ihre positive Stimmungslage.

Die größten Erfolge erzielen Sie, wenn Sie absteigen, sobald eine Übung gut gelungen ist und Sie für diesen Tag keine bessere Ausführung erwarten können. Wollen Sie Ihrem Pferd etwas besonders schmackhaft machen – sei es nun das Stillstehen, der fliegende Galoppwechsel oder auch das Springen über Hindernisse –, setzen Sie diese Übungen an das Ende Ihrer Trainingseinheit und steigen Sie sofort ab, nachdem Ihr Pferd die Übung ausgeführt hat, und loben Sie es überschwänglich. Dann lockern Sie sofort den Sattelgurt und ziehen die Steigbügel hoch. Führen Sie das Pferd, bis es erholt und entspannt in den Stall oder auf die Weide zurückkehren kann. So schaffen Sie Anreize für das Pferd, sich anzustrengen, und beugen jeglicher demotivierenden Routine vor.

Die richtige Lernatmosphäre für spezielle Charaktere

Triebige Pferde sind in einer ungewohnten Umgebung für gewöhnlich etwas aufgeweckter und leistungsbereiter. Pferde mit aggressiven Tendenzen sind meist freundlicher und weniger selbstsicher, wenn sie in einer fremden Umgebung gearbeitet werden. So geben sie uns die Chance, sie öfter loben zu können und auch, damit unsere Beziehung zu verbessern.

Ängstliche und unsichere (junge) Pferde müssen sich in einer neuen Umgebung zuerst eingewöhnen und benötigen dafür eine gewisse Orientierungszeit. Wenn man sich nicht konsequent als ranghöher etabliert hat und das Pferd so Vertrauen gewinnen konnte, kann es sich daher zu Beginn nicht gut auf die zu erlernenden Übungen konzentrieren.

Nützliche Übungen

Für alle Übungen gilt: Jeglicher Übereifer beim Erlernen einer neuen Aufgabe ist unangebracht. Je kleiner und logischer die Lernschritte zu Beginn sind, desto besser werden sie im Gehirn des Pferdes abgespeichert. Wenn Sie das Pferd am Anfang ausgiebig belohnen, wird es diese positive Stimmung automatisch mit der geforderten Übung verknüpfen und sie in Zukunft stets willig ausführen.

Als Faustregel gilt daher: Neue Aufgaben immer an Tagen einstudieren, an denen man den Kopf frei hat und die nötige positive Stimmung und Geduld mitbringt, um die Aufgabe bestmöglich zu etablieren. Andere Tage für die Vervollkommnung bereits geübter Aufgaben nutzen.

Richtiges Führen zum Erhalt der Rangordnung

Die richtige Führposition zur Etablierung und Einhaltung der Rangordnung ist leicht versetzt, aber deutlich vor dem Pferd und nicht in der Schulter des Pferdes.

Schräg hinter mir kann ich das Pferd und seine Reaktionen dennoch aus der Peripherie meines Auges im Blick behalten.

Der Strick sollte circa einen Meter lang gehalten werden und stets durchhängen, denn das Pferd soll nicht durch ein Ziehen dazu veranlasst werden, mir zu folgen, sondern weil es mir jederzeit gern nachlaufen möchte. Genauso verhält es sich mit dem Anhalten. Das Pferd sollte sofort abstoppen und stehen, wenn ich dies

Richtig führen: vor dem Pferd, nicht in der Schulter! (Foto: Wentscher)

Wenn das Pferd überholen will, hilft es, plötzlich die Richtung zu wechseln. (Fotos: Wentscher)

auch tue: Durch den räumlichen Abstand zu mir beim Führen kann es stoppen, ohne mich zu berühren – etwas, was einige Menschen befürchten, wenn sie vor dem Pferd gehen.

Möchte das Pferd überholen, genügt bei vielen Pferden schon eine unfreundliche Mimik im exakt richtigen Moment, um sie von ihrem Überholversuch abzubringen. Bevor ich also körperlich werde, ist es mir persönlich lieber, dem Pferd zunächst durch einen unfreundlichen Gesichtsausdruck zu vermitteln, dass ich keinesfalls überholt werden möchte. Reicht dies nicht aus, werde ich allerdings durch ein energisches Zupfen am Halfter meiner Bitte etwas mehr Ausdruck verleihen.

Auch hat es sich bewährt, abrupt die Richtung zu wechseln, sodass Sie augenblicklich wieder vor das Pferd kommen, falls Ihr Pferd gern überholen möchte.

Variieren Sie Ihre Technik und schauen Sie, was Ihr Pferd am besten versteht und Sie am wenigsten Energie kostet. Behält man diese Regel konsequent bei – vor allem mit jungen, ungestümen Pferden oder solchen, die die Rangordnung in Frage stellen –, klären sich viele andere Probleme scheinbar von selbst.

Anhalten und Stillstehen

Wie oben beschrieben soll das Pferd beim Führen synchron mit uns anhalten und still stehen. Sie können dem Pferd helfen, indem Sie beim Anhalten betont fest und geschlossen auftreten und Ihre Schultern straffen. Idealerweise

Betont festes Auftreten, straffe Schultern – hier kann das Pferd gar nicht anders, als ebenfalls stehen zu bleiben. (Foto: Slawik)

kommt Ihr Pferd nicht vor Ihre eigene Schulterlinie. Solange Sie still stehen, sollte Ihr Pferd dies ebenfalls tun. Atmen Sie tief und korrigieren Sie freundlich, aber bestimmt, wenn das Pferd nicht ruhig steht.

Tempovariationen

Sie führen Ihr Pferd wie oben beschrieben und variieren dabei Ihre Schrittlänge und Ihr Tempo. Sie werden erstaunt sein, wie sehr Ihr Pferd Sie nachahmen kann, denn diese Situation ergibt sich auch innerhalb der natürlichen Herde. Perfekt ist diese Übung, wenn Ihr Pferd Ihnen alles unproblematisch nachmacht, sodass der Führstrick oder die Longe die ganze Zeit durchhängt, auch wenn Sie einmal abrupt losrennen und aus hoher Geschwindigkeit abstoppen.

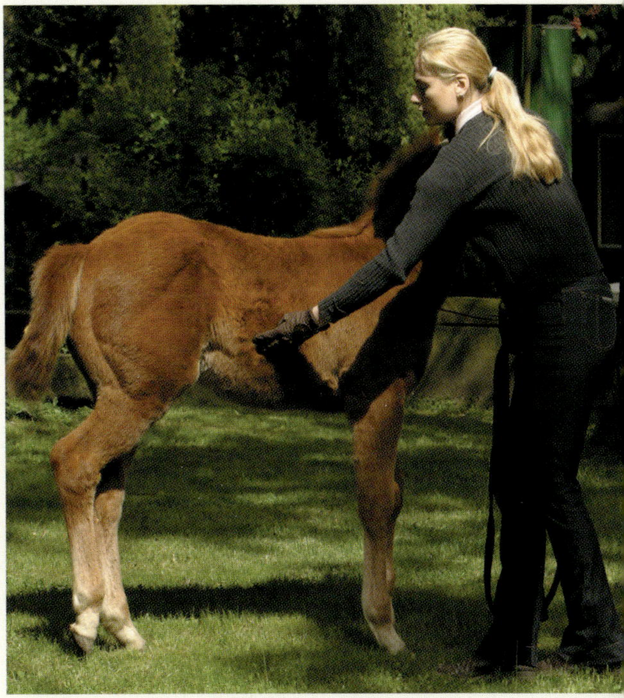

Durch ein Antippen mit dem Finger an der Bauchseite wird das Fohlen veranlasst, mit der Hinterhand seitwärtszutreten. (Foto: Maierhofer)

Seitwärts übertreten lassen

Sie stehen an der Schulter des Pferdes und touchieren mit dem Zeigefinger pulsierend an der Stelle des seitwärtstreibenden Schenkels. Geben Sie Ihrem Pferd einen Moment Reaktionszeit, ansonsten steigern Sie den Druck allmählich, bis es richtig reagiert. Wenn Sie den Kopf des Pferdes am Führstrick zu sich hingezogen haben, soll das Pferd korrekt seitlich von Ihnen weichen und dabei im Idealfall die Hinterbeine kreuzen, also mit dem zu Ihnen gewandten Hinterbein vor das äußere Hinterbein treten.

Je nach Sensibilität Ihres Pferdes reicht ein Fingerschnipsen, um es zum seitlichen Weichen zu veranlassen; bei anderen Pferden muss ein pulsierender Druck mit dem Finger angewendet werden. Variieren Sie den Druck, und wenn Sie richtig arbeiten, braucht Ihr Pferd nach einiger Zeit nur noch ein Handzeichen oder das Fingerschnipsen, um korrekt überzutreten. Das Ziel ist eine saubere 360-Grad-Drehung um das innere Vorderbein von beiden Seiten. Diese Übung hilft Ihnen in schwierigen Situationen, wieder Kontrolle über Ihr Pferd zu gewinnen, falls es sich einmal aufregt. Das gelingt allerdings nur, wenn die Übung etabliert ist und an verschiedenen Orten einwandfrei funktioniert. Übertreiben Sie es allerdings nicht: Ist die Übung einstudiert, brauchen Sie sie nur von Zeit zu Zeit abzufragen.

Beim Rückwärtstreten soll das Pferd den Rücken aufwölben und auf feine Signale reagieren. (Foto: Wentscher)

Rückwärtsrichten

Sie stehen frontal vor dem Pferd und üben pulsierenden Druck auf die Longe aus. Beginnen Sie so fein wie möglich, das heißt mit einer „klingelnden" Bewegung, bei der durch den Halfterring und den Karabiner der Longe ein leises Klingeln entsteht, ohne dass Sie schon reellen Druck ausüben. Bei den meisten Pferden reicht das bereits, denn Pferde reagieren oft wesentlich lieber und besser auf wenig Druck und lehnen sich gern in „zu viel" Druck hinein. Belohnen Sie das Pferd augenblicklich, wenn es die gewünschte Reaktion zeigt. Dafür beenden Sie den „negativen" Reiz (den Druck) sofort und streicheln das Pferd am Hals oder zwischen den Augen.

Dann variieren Sie zwischen einem und mehreren Rückwärtsschritten. Ich lege sehr viel Wert auf ein korrekt absolviertes Rückwärtsrichten – so gleichmäßig und wenig seitlich versetzt wie möglich –, wie ich es auch beim Reiten haben möchte. Auch ist es wünschenswert und erklärtes Ziel, dass das Pferd dabei nicht den Kopf hochreißt und mit weggedrücktem Rücken zurückweicht. Wie unter dem Sattel soll der Rücken aufgewölbt sein und der Kopf nicht zu hoch mit dem Genick als höchstem Punkt getragen werden, mit anderen Worten: Auch wenn das Pferd vor uns weicht, soll es nicht seine Würde verlieren, sondern stets ausdrucksstark und erhaben bleiben und die Muskulatur korrekt einsetzen.

Daher ist es unumgänglich, mit einem beinahe unmerklichen Druck zu beginnen und ihn, sollte das Pferd nicht reagieren, langsam, aber stetig zu steigern. Natürlich ist es auch von großer Bedeutung, wie Ihre eigene Ausstrahlung und Energie bei dieser Übung ist. Ich bekomme die Ausstrahlung einer unüberwindlichen Mauer, wenn ich diese Übung ausführe. Dies kann man gut üben, wenn man an einem Samstagvormittag mit vollgepackten Taschen über eine gut besuchte Einkaufsstraße geht. Straffen Sie Ihren Rücken und gehen Sie ruhig und kadenziert, mit entschlossenem Blick und einem feinen Lächeln schnurgerade vorwärts. Wenn die Menschen Ihnen seitlich ausweichen, anstatt dass Sie ständig Schlenker machen müssen, sind Sie reif für Ihr Pferd. Wenn Sie mit einer anderen Frau (oder einem [anderen] Mann) zusammenprallen, sind Sie auf einen Gleichgesinnten gestoßen, mit dem Sie ein erfolgreiches Netzwerk gründen könnten.

Stangen-L

Die Arbeit mit einem Stangen-L schult die Konzentration und Koordination des Pferdes sowie ihre eigene Führungs- beziehungsweise Manövrierfähigkeit.

Ihr Pferd sollte bereits gelernt haben, durch feinen pulsierenden Druck an Halfter und Longe rückwärtszutreten. Zunächst führen Sie Ihr Pferd vorwärts aus beiden Richtungen durch die Gasse.

Dann stellen Sie sich frontal vor das Pferd. Durch Ihre gestraffte Haltung und ein leichtes „Klingeln“ beziehungsweise Zupfen an der

Die gestraffte Körperhaltung veranlasst das Pferd, im Stangen-L rückwärtszuweichen – anschließend das Loben durch Streicheln auf der Stirn nicht vergessen! (Fotos: Wentscher)

Longe in Richtung Pferdebrust veranlassen Sie das Pferd, rückwärtszuweichen. Halten Sie dabei aber genügend Abstand zum Pferd, sodass es nicht gezwungen ist, in Ihren persönlichen Bereich einzudringen, während Sie es so manövrieren, dass es nicht aus der Gasse heraustritt und Sie eventuell einmal nach vorn korrigieren müssen. Am Ende können Sie sich einen Zickzackkurs mit den Stangen legen und/oder das Stangen-L peu à peu immer enger legen und auch hier wieder unter dem Sattel arbeiten, wenn durch die Bodenarbeit der richtige Grundstein gelegt wurde.

Fahren vom Boden aus

Das Fahren vom Boden aus ist eine exzellente Übung für die Herstellung der Rangordnung und außerdem eine gute Vorbereitung für noch nicht eingerittene Pferde. Pferde, die unter dem Sattel Probleme machen oder wieder antrainiert werden sollen, erfahren durch diese Übung die beste Vorbereitung, um wieder problemlos unter dem Sattel zu gehen. Psychologisch besehen befinden Sie sich hinter dem Pferd in der treibenden Position des Leithengstes, der die Herde von hinten flankiert.

Wenn Sie noch unsicher sind oder es mit einem sehr ungestümen Pferd zu tun haben, empfiehlt es sich, zunächst mit einem Helfer zu arbeiten, der das Pferd zusätzlich am Kopf führt oder neben ihm herläuft. Beginnen Sie auf jeden Fall in einer sicheren, eingezäunten Umgebung, bevor Sie sich in die Natur oder auf die Straße wagen.

Als Voraussetzung für die erfolgreiche Arbeit sollte sich Ihr Pferd von beiden Seiten aus führen lassen. Führen Sie Ihr mit Dually®-Halfter, Kappzaum oder LG-Zaum und Gurt und Pad

Beim Fahren vom Boden aus befindet sich der Mensch in der Position des Leithengstes. (Foto: Wentscher)

Es ist sinnvoll, wenn das Pferd lernt, dass von einer auf dem Boden schleifenden Longe keine Gefahr ausgeht. (Foto: Wentscher)

ausgerüstetes Pferd zunächst und lassen Sie jeweils eine der beiden Longen hinter sich herschleifen. Dabei ist große Vorsicht angebracht – da es aber immer einmal passieren kann, dass man eine Longe verliert, lernt das Pferd so bestens diese Situation kennen, und eine panische Reaktion kann durch sorgfältige Vorbereitung in einer sicheren Umgebung vermieden werden.

Longieren als Rangordnungsübung

Longieren dient nicht nur dem Muskelaufbau und -erhalt, dem Anwärmen vor dem Reiten oder schlicht dem korrekten Training ohne Reitergewicht. Mithilfe der korrekten Arbeit an der Longe können wir uns außerdem grundsätzlich als im Rang höherstehend etablieren.

Jedes bewusste Wegtreiben des Pferdes unsererseits ist, von der Psychologie des Pferdes her gesehen, ein Fortschicken aus unserer etablierten Zweierherde. Dabei ist es egal, ob dies als Longieren oder als freie Arbeit im Longierzirkel oder Round Pen praktiziert wird. Dies lässt sich leicht daran ablesen, dass jedes Pferd nach kurzer Zeit kommunikative Zeichen zur Verständigung mit uns zeigt, sobald wir beginnen, es wegzutreiben. Das Pferd wird lecken und kauen, seinen Kopf in Richtung Boden absenken und oft auch versuchen, den Zirkel von sich aus zu verkleinern. Auch Pferde, die zunächst ihren „Stallmut“ loswerden wollen und galoppierend herumbuckeln, beginnen spätestens bei den ersten Anzeichen von Erschöpfung mit uns zu kommunizieren.

Das Longieren als Rangordnungsübung kann allerdings nur funktionieren, wenn sich das Pferd von uns kontrollieren lässt. Ein „freies Herumrasen“ ist damit selbstverständlich nicht gemeint, denn unser Ziel ist es, die Gangart und Bewegungsrichtung des Pferdes zu bestimmen. Das unkontrollierte Herumrennen eines Pferdes an der Longe ist auch insofern problematisch, als es dem Pferd schlicht eine Möglichkeit bietet, sein spezifisches Fluchtverhalten zu trainieren. Dies sollten Pferde im Idealfall immer ohne den Menschen machen – in Trainingssituationen sollte dies vermieden werden (ausgenommen von dieser Regel sind natürlich Rennpferde).

Indizien für Rangordnungsprobleme beim Longieren

- Das Pferd tobt sich frei um uns herum aus und bestimmt dabei Gangart und Richtung selbst.
- Es lässt sich gar nicht erst auf den Zirkel bewegen oder bleibt dort nicht und versucht ständig, zu uns in die Mitte zu kommen.
- Es bewegt sich nicht vorwärts und ignoriert uns offensichtlich.
- Es stürmt unhaltbar von dannen.
- Es stürmt auf uns zu, steigt oder greift uns an.

Jede dieser „Aussagen“ des Pferdes hat eine spezifische Begründung und stets muss abgeklärt werden, ob Schmerzen ausgeschlossen werden können, bevor man eindeutig feststellen kann, dass die Rangordnung ungeklärt ist beziehungsweise zugunsten des Pferdes ausfällt.

Richtiges Longieren ist eine ebenso hohe Kunst wie korrektes Reiten und sollte die folgenden Ziele verfolgen:

1. Etablierung einer klaren Rangordnung zugunsten des Longenführers.
2. Korrektes Gymnastizieren und Ausbilden des Pferdes.

Longieren kann zur Korrektur zum Beispiel von Taktfehlern, ausgeprägter Steifheit oder Triebigkeit eingesetzt werden und dient ebenfalls dazu, Verspannungen zu lösen.

Plädoyer für die Doppellonge

Ich bevorzuge in allen Stadien der Ausbildung und Korrektur eines Pferdes die Arbeit mit der Doppellonge. Nur die Arbeit mit zwei Longen bietet mir die Möglichkeit, viele korrekt ausgeführte Richtungswechsel einzuleiten. Erst dies ermöglicht, wirklich abwechslungsreich zu arbeiten und das Pferd mittels dieser Arbeit auch enorm in seiner Konzentrationsfähigkeit zu schulen. Der Wert dieser körperlichen und geistigen Arbeit für das Pferd ist enorm. Viel zu oft wird vergessen, dass auch die geistige Kompetenz des Pferdes sowie seine Konzentrationsfähigkeit geschult werden sollten. Dies kann bei der Arbeit mit nur einer Longe nicht annähernd so gut erreicht werden.

Der korrekte Einsatz der äußeren Longe hilft nicht nur dabei, das Pferd auf der Zirkellinie gymnastizierend „geradezurichten“, das heißt Stellung und Biegung des Pferdes so auszurichten, dass es sich auf einem Hufschlag bewegt, ohne dass die Hinterhand ausfällt. Durch das Annehmen der äußeren Longe kann außerdem ein Hereinkommen des Pferdes in Richtung Zirkelmitte effektiv verhindert werden.

Wie oben bereits beschrieben ist jedes Longieren ein Fortschicken des Pferdes aus unserer etablierten Zweierherde. Dabei ist es zunächst nicht wichtig, wie die Rangfolge ist – das Pferd empfindet die Aufforderung, sich von uns zu lösen, zunächst immer als eine Art der Disziplinierung. Viele Pferde, vor allem die jungen, die diesen Prozess erst erlernen müssen, wollen zu „ihrem“ Menschen in die Zirkelmitte zurückkehren. Dies kann auch völlig unaggressiv gemeint sein. Allerdings haben manche Pferde, zum Beispiel solche, die durch gewalttätige Maßnahmen anlongiert wurden, ein unter Umständen sehr aggressives Verteidigungsverhalten entwickelt.

Es gibt andere Pferde, die aufgrund einer Art „antiautoritärer" oder aus Sicht des Pferdes verwirrender Erziehung und Ausbildung zu Recht zu der Auffassung kommen, dass sie im Rang über dem Menschen stehen, und daher niemanden in der berechtigten Position sehen, sie im Kreis „herumzuschicken". Auch diese Pferde können durch den korrekten und sachgemäßen Gebrauch der Doppellonge korrigiert werden. Eine gut verständliche Anleitung zur Doppellongenarbeit finden Sie in meinem Buch „Das Lernverhalten der Pferde" (Cadmos Verlag, 2005).

Auch Pferde, die dazu neigen, an einer einfachen Longe „durchzugehen", können mit der Doppellonge erfolgreich korrigiert werden. Dabei ist es meines Erachtens nicht nur der Einsatz der äußeren Longe, der das Problem effizient zu beheben hilft, sondern besonders auch die eingeforderte Konzentrationsleistung des Pferdes. Pferde, die stets in einer Richtung im Kreis laufen und erst nach einer Weile in die Zirkelmitte geholt werden, um die Hand zu wechseln, langweilen sich oft und sinnen über eigene Beschäftigungsmöglichkeiten nach. Die korrekte Arbeit mit zwei Longen beinhaltet ein genaues Studium der dazugehörigen Körpersprache, sie hat also neben der reinen Gymnastizierung die Qualität eines feinen Dialoges mit dem Pferd darüber, in welche Richtung es in welcher Gangart und Kadenz gehen soll.

Hervorragende Gymnastizierung ...

... und feine Kommunikation zwischen Mensch und Pferd bietet die Arbeit an der Doppellonge. (Fotos: Wentscher)

Um diese feine Kommunikation mittels kleinster Zeichen zu erreichen, müssen Longenführer und Pferd hoch konzentriert arbeiten. Ein Pferd, das derartig positiv beschäftigt wird, ist mental zu gefordert, um überhaupt an eine Flucht aus dieser Situation zu denken.

So können durch den korrekten und geübten Einsatz mit der Doppellonge direkt mehrere Probleme oder Herausforderungen von vornherein vermieden werden.

Die Psychologie des Longierens

Longieren des Pferdes bedeutet ein geordnetes Wegtreiben aus der etablierten Zweierherde. Dies wird vom Pferd zunächst als Disziplinierung angesehen. In der Herde gymnastiziert der Althengst seine männlichen Nachkommen gezielt durch (An-)Steigen (Gymnastizierung der Hankenbeugung und allgemeine Hinterhandkoordination) und pirouettenartige Bewegungen (Wendungen auf der Hinterhand). Die weiblichen Nachkommen werden weniger auf der Hinterhand, sondern eher auf kurze, gerade Sprints zur Verbesserung der Schnelligkeit in Fluchtsituationen trainiert. Somit scheint es, dass die generelle Bereitschaft dazu, gymnastiziert zu werden, bei unseren Pferden genetisch verankert ist. Dabei laufen die Reprisen des Leithengstes in kürzeren Abständen ab, treten aber unter Umständen mehrmals während des Tages auf.

Die nonverbalen kommunikativen Signale, die das weggetriebene Pferd dabei sendet, sind auch beim Longieren zu beobachten. Es ist wichtig, dass wir sie erkennen und beachten, damit die freundschaftliche Beziehung zum Pferd nicht geschädigt wird.

Ist das innere Ohr des Pferdes auf uns gerichtet, können wir davon ausgehen, dass es mit seiner Konzentration bei uns ist. Ohren und Augen des Pferdes sind in der sinnlichen Erfassung der Umwelt oft miteinander verknüpft. Das heißt: Wenn das innere Ohr auf uns gerichtet ist, schaut uns das Pferd auch zumeist mit dem inneren Auge an und erwartet unsere Signale.
Dies können wir als ein Zeichen von Respekt werten. Das Lecken und Kauen des Pferdes ist generell eine submissive (unterwürfige) Geste, die, fein nuanciert, in verschiedenen

Die Stellung des inneren Ohres zeigt: Das Pferd wartet auf Signale des Menschen. (Foto: Wentscher)

Kontexten leicht abweichende Bedeutungen hat, wenn man sie als emotionale Aussage „vermenschlicht“ darstellt. Generell können wir davon ausgehen, dass ein Lecken und Kauen während der Arbeit und im Umgang einen beschwichtigenden Appell an uns bedeutet.

Bereits Fohlen zeigen die fälschlicherweise als „Klappern“ oder „Schnappen“ (rhythmisches Öffnen und Schließen des Mäulchens) bezeichnete Demutsgeste, wenn sie sich zum Beispiel einem anderen, erwachsenen Pferd nähern und ihm signalisieren wollen, dass sie unterwürfig sind und nichts „Böses“ wollen. Durch dieses submissive Zeichen sollen Konflikte von vornherein vermieden werden.

Andere Wissenschaftler vertreten die Auffassung, dass das Lecken und Kauen weniger zur Beschwichtigung des Gegenübers gezeigt wird, sondern eher als eine Übersprungshandlung denjenigen entspannt und beruhigt, der das Lecken und Kauen zeigt.

Eine Übersprungshandlung in psychischen Stresssituationen wirkt als Entspannungsmechanismus. Dadurch, dass das Pferd eine submissiv gefärbte Handlung (beispielsweise das Lecken und Kauen oder Kopfabsenken) zeigt, die zwar nichts mit der momentanen Konfliktsituation zu tun hat, wird die Kommunikation mit dem anderen Individuum unterbrochen, und dieses erhält das Zeichen zur Deeskalation der Situation.

Es kann also nicht abschließend geklärt werden, ob sich das Pferd zum Beispiel durch das Lecken und Kauen gleichzeitig entspannt. Wie dem auch sei: Für uns ist die Wahrnehmung dieser Signale und der enthaltenen emotionalen Information von enormer Wichtigkeit für unsere adäquate Reaktion zur Erhaltung unserer Freundschaft und erfolgreichen Zusammenarbeit.

Folgende Aussagen – **vermenschlicht formuliert**! – können in den verschiedenen Situationen hinter dem Lecken und Kauen stehen:

- „Ich akzeptiere dich als ranghöher.“ (Wenn der Mensch in die Individualdistanz des Pferdes eintritt.)
- „Bitte schick mich nicht mehr weg und lass mich zu dir kommen.“ (Beim Longieren, Wegtreiben.)
- „Ich tue dir nichts, tu du mir auch nichts.“ (Annäherung an schüchterne Pferde.)
- „Ich kann nicht mehr und brauche eine Pause.“ (Beim Longieren.)
- „Ja, ich mache jetzt, was du möchtest, ich habe verstanden.“ (Bei der Bodenarbeit, beim Reiten.)
- „Bitte nimm den Druck von mir.“ (Bei Pferden mit Sattelzwang beim Aufsatteln.)
- „Ich bin überfordert und weiß nicht, wie ich mich verhalten soll.“ (Übersprungshandlung.)
- „Ich habe nicht (richtig) verstanden.“ (Übersprungshandlung in Situationen, in denen eine einzelne Hilfe an das Pferd immer lauter und lauter gegeben wird, die das Pferd aber nicht versteht.)
- „Das, was ich gerade gemacht habe, war nicht in Ordnung.“
- „Gleich werde ich etwas machen, von dem ich gelernt habe, dass es nicht in Ordnung ist.“
- „Bitte damit aufhören.“
- „Das tut mir weh. Das ist unangenehm.“

Das Lecken und Kauen als nonverbale Geste des Pferdes bezieht sich also einerseits auf die Rangordnung, andererseits kann es eine Aufforderung an uns sein, weniger Druck auszuüben oder eine Hilfe eindeutiger beziehungsweise anders ausgedrückt als zuvor zu geben, und es kann sogar ein Hinweis auf Schmerzen oder Unwohlsein sein. Um die genaue Bedeutung richtig zu analysieren ist es unumgänglich, die gesamte Situation mit einzubeziehen.

Tritt das Lecken und Kauen vermehrt während der Arbeit auf, ist es für unsere Beziehung sehr förderlich, wenn wir dem Pferd antworten und ihm dadurch signalisieren, dass wir mit ihm kommunizieren und seine feinen Signale nicht ignorieren. Ein feiner Dialog zwischen uns und dem Pferd ist eine wichtige Voraussetzung für eine gelungene, harmonische Beziehung. Eine unterwürfige Geste sollte generell durch ein (zumindest kurzfristiges) Nachlassen des Drucks beantwortet werden.

Das erste und feinste Signal beim Longieren ist ein Absenken unseres Blickes weg vom Pferdeauge auf den Boden. Dazu können wir das Pferd, etwas zeitlich versetzt, in ein niedrigeres Tempo durchparieren, wenn sich die Aussage auf den Konditionszustand des Pferdes bezieht. Ist es eher eine emotionale Aussage, mit der das Pferd suggerieren will, dass es nicht mehr weiter „fortgeschickt" werden möchte, können wir wie oben verfahren oder sogar einmal zwischendurch das Pferd auf der Zirkellinie anhalten, zu ihm gehen und es ausgiebig loben. Es versteht sich von selbst, dass ein Pferd, das sich verstanden und respektiert fühlt, eifriger und williger für uns und mit uns arbeiten wird als eines, das sich, was seine „Meinungen" oder Bedürfnisse angeht, ignoriert und übergangen fühlt. Diese kleinen Gesten der Freundschaft und des Respekts vor dem Pferd können die Beziehung entscheidend verbessern und sollten daher nicht übergangen werden. Mit der Zeit und bei genauer Beobachtungsgabe vervollkommnen wir so die leise und feine Kommunikation zwischen uns und dem Pferd.

Wir müssen lernen, die feinen Signale des Pferdes wahrzunehmen und entsprechend darauf zu reagieren. (Foto: Wentscher)

Foto: Wentscher

Die Herausforderung für den menschlichen „Leader“

Pferde leben deshalb in einem hierarchisch organisierten Herdenverband, weil er ihnen Schutz und Sicherheit bietet. Wollen wir in der Rangordnung höher sein, um unserem Pferd ebendiesen Schutz zu bieten, müssen wir klug vorgehen. Halten wir zunächst fest: Die Sinnesorgane des Pferdes sind so gut entwickelt,, wie es für das Überleben des Beutetiers Pferd in der freien Wildbahn erforderlich ist. Der Geruchssinn ist wesentlich feiner entwickelt als beim Menschen und mit dem des Hundes vergleichbar. Auch hört das Pferd deutlich besser, wobei der Schwerpunkt auf höheren Tönen liegt und in den Ultraschallbereich hineingeht. Sehr wahrscheinlich dient dies auch der besseren Ortung von Geräuschquellen. Pferde sind am ganzen Körper so sensibel wie wir Menschen an den Fingerspitzen. Zudem erfühlen sie herannahende Erdbeben, weil sie durch ihre Hufe feinste Erdbewegungen wahrnehmen, die uns Menschen verborgen bleiben. Ihre Augen sind anders aufgebaut und durch die seitliche Stellung am Kopf haben sie ein wesentlich größeres Sichtfeld, sehen die meisten Dinge jedoch nur mit jeweils einem Auge (monokulares Sichtfeld). Im entspannten Zustand sind die Augen des Pferdes eher auf Weitsicht gestellt, um Bewegungen in der Ferne sofort zu registrieren, und nicht auf Details in der unmittelbaren Umgebung. Ein Raubtier, das bereits auf wenige Meter herangekommen ist, kann erfolgreich zuschlagen. Pferde sind „Bewegungsseher", denen kleinste Veränderungen in der Ferne auffallen, und außerdem „Silhouettenseher", die sich bereits bekannte Silhouetten einprägen und als gefährlich oder ungefährlich einstufen. Jede neue Silhouette beziehungsweise Detailveränderungen von bereits bekannten Silhouetten müssen innerhalb dieser beiden Kategorien neu bewertet und abgespeichert werden.

Diese fein ausgeprägten Sinnesorgane sind die ideale Ausstattung für ein Beutetier, das ohne effektive Hilfen zur Verteidigung seines Lebens wie Hörner, Stoßzähne, Giftaussonderungen oder Ähnliches in erster Linie die Flucht ergreift.

Bei kritischer Betrachtung fällt also auf, dass es für uns Menschen eine äußerst schwierige Aufgabe ist, uns als ranghöher zu etablieren, wo uns doch ein guter Teil der alarmierenden Sinneswahrnehmungen und Informationen aus der Umgebung ganz oder teilweise verborgen bleibt. Die Überlegenheit des Ranghöheren ergibt sich zu einem nicht unwesentlichen Teil aus seiner Wachsamkeit und seiner Fähigkeit, Sinneseindrücke wahrzunehmen und damit auswerten zu können.

Die Leitstute oder die ranghohen Mitglieder der Herde zeichnen sich durch ihre wachen Sinne und ihre Erfahrung mit potenziellen Gefahrenquellen aus. Die anderen Herdenmitglieder bemerken zum Beispiel dadurch, dass die Leitstute plötzlich den Kopf hebt, dass sie eine vermeintliche Gefahr wahrgenommen hat, und sie erfassen ihre Reaktion darauf – entweder erhöhte Aufnahmebereitschaft mit allen zur Verfügung stehenden Sinnen und erhöhte Fluchtbereitschaft oder wieder einkehrende Entspannung, wenn das Wahrgenommene als ungefährlich eingestuft wird. Wir können davon ausgehen, dass wir von einigen Pferden sicherlich als „Ignoranten" eingestuft werden, weil wir uns ständig „lebensbedrohlichen" Situationen aussetzen oder uns Gegenständen nähern möchten, die potenziell lebensgefährlich sind. Dies gilt besonders für Pferde, die in einer reizarmen Umgebung leben oder aufgewachsen sind und daher unsicher und lebensunerfahren sind. Pferden, die fast ausschließlich in Einzelboxen gehalten werden oder sozial isoliert werden, fehlt die Möglichkeit, von anderen, erfahreneren Pferden zu lernen, wovor man Angst haben muss und wovor nicht. Auch Pferde, die in jungen Jahren wenig gelernt und kennen gelernt haben, sind leichter von Sinneseindrücken überfordert als solche, die schon eine umfassende „Grundschule“ hinter sich haben. Ich persönlich finde es sehr gut, Pferde nicht vor ihrem vierten Lebensjahr einzureiten. Dies bedeutet keinesfalls, dass sie nicht schon eine Menge bis zu dieser Zeit lernen können und sollen. Das ist eine Frage des Managements und der Nachfrage der Käufer.

Obwohl also unsere Sinne nicht die eines Fluchttieres sind, müssen wir uns einerseits weitestgehend bemühen, potenziell Angst auslösende Reize wahrzunehmen, bevor unser Pferd sie bemerkt. Dazu ist ein erhöhtes Maß an Aufmerksamkeit, generell im Umgang und bei der Arbeit mit dem Pferd, unbedingt erforderlich.

Andererseits ist es für Sie sehr hilfreich zu analysieren, ob Ihr Pferd zum Beispiel eher geräuschempfindlich ist, ob es vor allem vor Gegenständen scheut oder ob es mit plötzlichen Bewegungen besondere Probleme hat. Je nachdem, wo die Schwerpunkte liegen, können Sie gezielt mit der Desensibilisierung beginnen.

Wichtig ist diese Analyse aber auch für Ihr Vermögen, konstruktiv und kreativ mit diesen Herausforderungen umzugehen. Fühlen Sie sich in Ihr Pferd ein und nehmen Sie die Welt so weit wie möglich und vorstellbar mit seinen Sinnen wahr. Blicken Sie in die Richtung eines Geräusches oder fixieren Sie Ihren Blick auf eine Bewegung in der Ferne, um sich dann mit einem Erleichterungsseufzer davon abzuwenden. Damit signalisieren Sie Ihrem Pferd, dass Sie aufmerksam sind und die potenzielle Gefahr lokalisiert, aber als ungefährlich eingestuft haben und nun zu konzentrierter Arbeit zurückkehren. Der Schwerpunkt bei dieser Maßnahme liegt in der Stimmungsübertragung, die bewusst von Ihnen ausgeht und gezielt gesteuert wird. Wenn Sie zum Beispiel einen herannahenden Traktor wahrnehmen und dann nervös werden, weil Sie nicht wissen, wie das Pferd reagieren wird, führen Sie durch das Phänomen der Stimmungsübertragung den genau gegenteiligen und damit unerwünschten Effekt herbei.

Die eigene (aufkeimende) Nervosität macht sich für das Pferd bemerkbar durch:

- einen erhöhten Adrenalinspiegel, den das Pferd mit seinem Geruchssinn wahrnimmt,
- eine erhöhte Muskelanspannung, die das Pferd zum Beispiel durch angespannte Zügelfäuste spürt,
- eine flache, schnellere Atmung,
- hektische Bewegungen,
- eine erhöhte Stimmlage und eine andere Klangfarbe der Stimme.

Die Nervosität eines Reiters kann dazu führen, dass sich das Pferd in Lebensgefahr wähnt – und entsprechend reagiert. (Foto: Slawik)

Dadurch signalisieren wir dem Pferd, dass sich etwas potenziell Lebensbedrohliches nähert oder bereits in der Nähe ist und es sich infolgedessen fluchtbereit bis panisch verhalten muss.

Die Kunst besteht darin, als ranghöherer Partner etwas Neues wahrzunehmen und dann für einen Moment die Muskeln zu entspannen, tief zu seufzen oder sogar ansteckend herzhaft zu gähnen, um die Ungefährlichkeit der Situation zum Ausdruck zu bringen. Je glaubwürdiger Sie Ihrem Pferd durch Ihre „Gefühlssprache" versichern können, dass Sie trotz des ungewöhnlichen Reizes total entspannt sind, desto eher wird es Ihnen vertrauen und Ihre Entscheidung als Herdenchef akzeptieren. Allerdings ist es hierbei sehr wichtig, dass wir das Pferd nicht enttäuschen.

Stimmungsübertragung

Die Stimmungsübertragung ist die bewusste, aber auch unbewusste Kommunikation von Gefühlen, Stimmungen und (momentanen) Lebenseinstellungen. In der Pferdeherde ist die

Stimmungsübertragung ein wichtiges Instrument, die das Überleben des Einzelnen sichert. Ist ein Pferd in Alarmbereitschaft, weil es etwas Außergewöhnliches wahrgenommen hat, werden die anderen Tiere schnell angesteckt, wenn dasjenige Pferd, das den Reiz (zum Beispiel einen Geruch, eine Bewegung oder ein Geräusch) zuerst sinnlich erfasst und lokalisiert hat, nicht kurz darauf wieder entspannt. So sind alle fast zeitgleich fluchtbereit, wenn das oder die ranghohen Tiere entscheiden, dass eine Flucht angebracht ist.

Der Mensch kann sich die Stimmungsübertragung in vielen Situationen zunutze machen, indem er deutliche Entspannungssignale aussendet, wenn er bei seinem Pferd erhöhte Alarmbereitschaft feststellt. Wichtig in diesem Zusammenhang ist ebenfalls zu wissen, dass ein Pferd wahrscheinlich nicht in der Lage ist zu unterscheiden, ob die Nervosität des Menschen durch Wut, Ärger oder Angst verursacht wird – für das Pferd ist letztlich nur der Grad der Erregung entscheidend.

Stimmungsübertragung ist natürlich nicht alles: Bei einem häufig scheuenden oder generell schreckhaften Pferd ist es zunächst angebracht, die Haltungsbedingungen kritisch zu überprüfen. Wann immer es möglich ist, sollte das Pferd mit anderen zusammen draußen sein und die Möglichkeit bekommen, viel über seine Umwelt zu lernen. Ein Pferd, das Angst vor Traktoren hat, wird in einer Herde lernen, dass ein vorbeifahrender Traktor keine panische Flucht „wert“ ist. Wenn wir dem Pferd die Möglichkeit bieten, seinen Fluchtinstinkt innerhalb seiner eigenen Spezies „auszuleben“, werden wir selbst eher weniger damit zu tun haben.

Beim Reiten oder Führen eines hochexplosiven Pferdes empfiehlt es sich, wenn möglich, sich mental auf die Situation vorzubereiten, indem man sich selbst zu größtmöglicher Ruhe und heiterer Konzentration bringt. Dabei ist es hilfreich, die eigene Atmung zu kontrollieren und bewusst tief und langsam zu atmen. Außerdem kann es helfen, Bilder vor dem geistigen Auge parat zu haben, die eine beruhigende Atmosphäre und Leichtigkeit schaffen. Die allermeisten Pferdepersönlichkeiten können sich nur entspannen, wenn Sie selbst Ruhe und Zuversicht ausstrahlen. Einige Pferde haben zu wenig Bezug zum Menschen, als dass sie sich von ihm beeinflussen ließen. Zu dieser Gruppe gehören Pferde, die niemals Vertrauen zu Menschen aufbauen konnten oder bei denen das Vertrauensverhältnis zum Beispiel durch die Anwendung von Gewalt beschädigt wurde.

Glücklicherweise sind die allermeisten Pferde aber durch Stimmungsübertragung sehr wohl beeinflussbar. Die Herausforderung für uns Menschen besteht lediglich darin, der Nervosität und Unruhe des Pferdes stoische Ruhe und Gelassenheit entgegenzusetzen. Unechte Autorität wird von allen Pferden gleichermaßen durchschaut, daher ist es unumgänglich, das eigene Selbstvertrauen so zu entwickeln, dass Sie es rundherum ausstrahlen. Zudem ist es hilfreich, die naturgegebene Ablenkbarkeit des Pferdes auszunutzen und in einer durch

Stress geprägten Situation dadurch Ruhe zu schaffen, dass Sie etwas „abfragen“. Je mehr Sie mit Ihrem Pferd in ruhigen Situationen am Boden und vom Sattel aus trainiert haben, desto größer ist Ihr persönlicher „Werkzeugkasten“, um mit einer solchen Situation kreativ umgehen zu können. Selbst simple Übungen wie ein Rückwärts- oder Seitwärtstreten können helfen, damit sich das Pferd wieder auf Sie konzentriert. Wichtig ist, dass Sie selbst die Ruhe, Konzentration und Fokussiertheit ausstrahlen, die Sie von Ihrem Pferd erwarten.

Wer die Kunst der Stimmungsübertragung nicht beherrscht, kann auch auf sehr schwierige Pferde nicht positiv einwirken. (Foto: Wentscher)

Angst vor „Gespenstern?“

Wenn Ihr Pferd scheut oder es „Gespenster“ in bestimmten Ecken der Reithalle sieht, führen Sie Ihr Pferd ruhig daran vorbei oder darüber hinweg. Eine andere Möglichkeit besteht darin, zunächst konzentriert und hoch motiviert in einem anderen Bereich der Reithalle zu arbeiten und dem Pferd dann in den „Gespensterecken“ eine Erholungsphase anzubieten. In den meisten Fällen wird sich Ihr Pferd den Energieaufwand überlegen, wenn es dort nun entspannen darf. Wird Ihr Pferd erneut unruhig, brechen Sie die angebotene Pause ab und arbeiten Sie ruhig und konzentriert auf dem anderen Zirkel weiter. Dann bieten Sie Ihrem Pferd erneut an, in der problematischen Ecke zu entspannen. Belohnen Sie es durch Streicheln und liebevolle Worte, wenn es beginnt, sich dort zu entspannen. So sorgen Sie aktiv dafür, dass diese Bereiche schnell wieder unproblematisch sind. Wenn Sie das Pferd auch nur einmal durch Schlagen, heftiges Spornieren oder Beschimpfen dafür bestrafen, dass es gescheut hat, bestärken Sie das Fluchttier in seiner Angst und ruinieren Ihre Freundschaft und Ihr Vertrauensverhältnis. Setzen Sie Ihre eigene Souveränität und Überlegenheit ein: Reagieren Sie als unterstützender Partner und nicht als instinktgesteuertes Raubtier.

Selbstvertrauen lernen

Ob man glaubt, etwas zu können, oder glaubt, etwas nicht zu können, man behält immer Recht.

Anonym

Wir Menschen wenden unbewusst unsere in der Kindheit erlernten Beziehungsmuster auf Pferde an; dies kann eine Quelle für Probleme sein, denn Pferde interpretieren es ganz anders, wenn wir wenig oder geringes Selbstbewusstsein im Umgang mit ihnen ausstrahlen.

Jeder von uns erlebt Tage, an denen alles von selbst gelingt und wir uns rundum zufrieden fühlen. Dies könnten wir nicht anerkennen, wüssten wir nicht auch um die anderen Tage, an denen es nicht so rund läuft. Für jeden von uns ist es hilfreich, sich dann, wenn man sich unsicher fühlt, an einige der folgenden erprobten Mittel zu erinnern, um das eigene Selbstwertgefühl zu steigern:

1. Kultivieren Sie eine positive Einstellung gegenüber sich selbst und den eigenen Fähigkeiten und gestehen Sie sich selbst mehr zu. Dazu gehört etwas Disziplin und manchmal auch ein bewusstes Überhören negativer innerer Stimmen. Negative Einstellungen wie „Das kann ich nicht“ oder „Das schaffe ich nie“ sind zumeist sich selbst erfüllende Prophezeiungen. Oder erwarten Sie Zuspruch von anderen? Wenn ja, machen Sie sich nicht so abhängig, trauen Sie sich selbst etwas zu!

Positive Ausstrahlung – so wird von Anfang an die Basis für Vertrauen geschaffen. (Foto: Wentscher)

2. Schaffen Sie die physischen und psychischen Voraussetzungen. Es gibt keinen Ersatz für Training, Fortbildung und bewusst gesteuerte Entwicklung. Auch wenn es für einen Moment verlockender scheint, mit der Stallkollegin in der Cafeteria Kaffee zu trinken und ein Schwätzchen zu halten: Ihr Pferd ist ein hervorragender Personaltrainer, und schon gründliches Putzen sorgt für straffe Oberarme und innere Zufriedenheit.

3. Vergleichen Sie sich nicht mit anderen, sondern konzentrieren Sie sich auf sich selbst. So behalten Sie einen klaren Kopf und Ihre eigenen persönlichen Ziele im Blick.

4. Visualisieren Sie Situationen und überlegen Sie im Voraus, wie sie am intelligentesten verfahren können. Sich vorher kompetente Lösungen zu überlegen, bringt Selbstvertrauen; von einer negativen Erfahrung überrollt zu werden, schwächt die Selbstachtung.

5. Bleiben Sie fair und sachlich im Umgang mit sich und gestehen Sie sich Fehler zu. Nur Menschen, die nichts machen, machen auch keine Fehler. Analysieren Sie die Fehler und haken Sie diese dann schleunigst ab.

6. Gründen Sie ein Netzwerk oder schließen Sie sich einem an, berichten Sie über eigene Erfolgserlebnisse und Erfahrungen.

7. Setzen Sie sich für die Zusammenarbeit mit Ihrem Pferd überschaubare, realistische Ziele, die Sie in Teilschritten erarbeiten. Loben Sie sich – und selbstverständlich auch Ihr Pferd – ausgiebig für erfolgreich absolvierte Einheiten.

8. Überwinden Sie Ihre innere Starre (und/oder Bequemlichkeit) und erziehen Sie sich dazu, jeden Tag etwas zu tun, das Sie aus der Reserve lockt. Selbst wenn mal etwas nicht phänomenal gelingt, erkennen Sie Ihren Mut an und die Fähigkeit, die eigene, zur Passivität verleitende negative Einstellung überwunden zu haben.

Mit Energie kommunizieren

Energie, wie sie hier für uns interessant ist, ist sowohl eine mentale als auch eine physische Größe. Relevant für unsere Ausstrahlung ist der Grad von Energie, die wir einerseits als Ausdruck unserer momentanen Fitness und andererseits als Ausdruck unserer momentanen Gestimmtheit oder Gemütsverfassung ausstrahlen. Unsere Mitmenschen reagieren meistens unbewusst auf die spezifische Energie, die wir aussenden. Pferde sind aufgrund des

Fitness und Gemütsverfassung bestimmen über den Grad von Energie, den wir ausstrahlen und den das Pferd sensibel wahrnimmt. (Foto: Wentscher)

Nichtvorhandenseins der natürlichen Sprache des Menschen Meister in der Erfassung der Energie anderer Lebewesen.

Energie ist keine Größe, die von außen beeinflussbar ist, sondern eine Ausstrahlung aus unserem Innersten.

Sind wir überarbeitet, krank, müde, gestresst oder seelisch im Ungleichgewicht, verfügen wir über weniger Energie als „normal". Sind wir ausgeruht, fit und „mit uns selbst im Reinen", ist unser Energiepotenzial höher. Haben wir schlechte Laune, sind gereizt, genervt und abgespannt, strahlen wir negative Energie („schlechte Stimmung") ab. Wir senden so Signale an unsere Umwelt, dass wir momentan nicht mehr belastbar und „abgetrennt" sind. Geht es uns gut, strahlen wir innere und äußere Freundlichkeit, eine positive Energie aus, die anziehend und mitreißend wirkt.

Pferde sind besonders empfänglich für unsere spezifische momentane Energie – deshalb ist es sinnvoll, diesem Phänomen bewusst Beachtung zu schenken. Gerade Menschen, die unrealistische Erwartungen an ihr Pferd stellen und stets persönlich enttäuscht werden, belasten dadurch unnötig die Beziehung zu ihrem Pferd. Erfahrene und erfolgreiche Trainer haben sich im Laufe ihres Lebens durch Disziplin die Fähigkeit zu eigen gemacht, Erfolg sorgfältig zu planen, und wenn etwas wider Erwarten nicht gelingt, dies weder besonders wichtig noch persönlich zu nehmen, da sich diese mentalen Einstellungen als destruktiv erweisen und damit die positive Energie blockieren. Energie drückt sich auch dadurch aus, dass man weiß, was man will – also eine Fokussiertheit und Hingabe auf ein zu erreichendes Ziel. Pferde spüren genau, ob ein Mensch unsicher ist oder nicht und ob er weiß, „wo es hingehen soll".

Die Energieprinzipien lassen sich uneingeschränkt auf Pferde übertragen. Ein wenig trainiertes Pferd, das 23 Stunden am Tag in seiner Box steht, hat möglicherweise, wenn es sich endlich bewegen darf, zunächst einen „Energiekoller", der sich auch durch vermehrtes Scheuen und „Guckigkeit" ausdrückt, sich aber wieder erledigt, wenn das Pferd sich austoben durfte. Diese Pferde neigen aus Mangel an Bewegung zu Verspannungen, die sich durch Bewegung lösen.

Pferde in Angst und Panik mobilisieren Energie, die in kompletter Hysterie enden kann. Pferde, die hochgradig abgestumpft (desensibilisiert) sind, müssen mit enormem Kraftaufwand und diversen Hilfsmitteln mobilisiert werden, um ein wenig Vorwärtsdrang zu zeigen. Ich habe von sehr gut gefütterten und wohl behüteten Pferden (die also über ein hohes Energiepotenzial verfügen sollten) in unserem Land gehört, die so „tot" sind, dass ihre Trainer sie mit Elektroschocks traktieren, um noch eine Reaktion zu bekommen, weil sie gegen gewöhnliches Spornieren schon komplett abgestumpft waren. (Dieses Abstumpfen bezieht sich nur auf den geistig-seelischen Bereich – gegen Schmerzen kann auch ein Pferd nicht abstumpfen.) Dies ist der traurige Beweis dafür, wie Menschen es schaffen, derartig sensible Tiere wie Pferde komplett seelisch zu zerstören, und ein grausamer Verstoß gegen jegliche Ethik.

Angst und Schmerz sprechen aus diesem Gesicht – hier ist ein Pferd von Menschen seelisch zerstört worden. (Foto: Slawik)

Erlernte Hilflosigkeit

Wenn ein Pferd eine ihm gestellte Aufgabe nicht erfüllt, weil es sie nicht richtig verstanden hat, und dies mehrmals und wiederholt passiert, entsteht eine Resignation beim Pferd. Für das Pferd stellt sich die Situation so dar: Es scheint egal zu sein, welches Verhalten es anbietet: Nichts davon ist richtig, alles wird ignoriert oder sogar bestraft. So resigniert das Pferd schließlich und wird passiv. Es ist unabdingbar, einem Pferd positive Lernerlebnisse zu bieten, und sei es in noch so kleinen Lernschritten. Wie wir gesehen haben, bauen Lernerfolge aufeinander auf, wenn ein Pferd das Lernen an und für sich erfolgreich gelernt hat. Pferde, die keine positiven Feedbacks für ihre Leistungen erhalten und damit das Gefühl bekommen, die Situation in keinster Weise kontrollieren oder beeinflussen zu können, werden apathisch und depressiv. Vor allem bei der Anwendung von Gewalt wird das Bedürfnis des Pferdes nach Kontrolle und Sicherheit, das es mit Menschen und anderen Lebewesen teilt, zerstört. Daher ist es bei der Ausbildung von Pferden enorm wichtig, dem Pferd mehrere

Optionen zu geben. Diejenige Reaktion, die wir uns vom Pferd wünschen, sollte immer die einfachste und bequemste sein. Pferde haben ein untrügliches Gespür dafür, ob sie zu etwas gezwungen werden oder ob es Wahlmöglichkeiten gibt. Hat das Pferd das „Gefühl", durch sein Verhalten die Situation beeinflussen zu können, indem es positive oder negative Konsequenzen erfährt, werden die „freien" Entscheidungen, die es trifft – die kooperative Mitarbeit oder die Verweigerung –, ihm das Gefühl von Sicherheit und Kontrolle über die Situation geben. Erkennt das Pferd, dass es Wahlmöglichkeiten gibt, wird es zum bewussten Nachdenken über sein Verhalten aufgefordert und kann dementsprechend reagieren.

Ist ein Pferd im Stadium der erlernten Hilflosigkeit angekommen, dieser scheinbar aussichtslosen Situation, ist der Weg für psychosomatische und psychische Krankheiten wie Magengeschwüre, Stresskoliken, Neurosen und so weiter geebnet. Neurosen zeigen sich beispielsweise als gesteigerte Furcht vor Gegenständen, Personen oder Situationen. Ist dieses Stadium erreicht, ist ein Pferd ohne Verhaltenstherapie nicht mehr in der Lage, neue Situationen nicht nach seinem alten Muster zu bewerten. Dadurch wird das Lernverhalten extrem blockiert. Das Pferd ist buchstäblich zerbrochen, die Psyche ist beschädigt. Ist einmal dieser bedauernswerte Zustand erreicht, muss sofort dafür gesorgt werden, dass das Pferd positive Lernerfolge erlebt. Wenn man genau beobachtet, findet man immer etwas, das man beim Pferd belohnen kann. Dafür reduziert man die Ansprüche so weit, dass das Pferd die Chance bekommt, etwas richtig zu machen – und sei es etwas noch so Geringes.

Die richtige Energie für nervöse bis hochexplosive Pferde

Stets nervige und nervöse Pferde sollten natürlich genau beobachtet werden, damit die Gründe für ihr Verhalten ermittelt werden können. Die Zusammenstellung des Futters und Rationsgröße sind ebenso relevant wie die Haltungsbedingungen. Pferde, die isoliert sind oder in einem Stall neben oder zwischen Pferden stehen, zu denen sie keine positive Beziehung entwickeln können, zeigen irgendwann chronische Stresssymptome. Pferde, die ständig Schmerzen ausgesetzt sind oder überfordert werden, sind gestresst und nervös, genauso wie solche, die aus falsch verstandener Tierliebe überbehütet gehalten werden.

Nach stundenlangem Stehen entladen Pferde gern explosionsartig ihre angestaute Energie, was für sie völlig natürlich ist. Gerade in altmodischen Ställen, wo es noch einen

„Stehtag“ für die Pferde gibt, kann es daher am nachfolgenden Tag zu Problemen kommen.

Aber auch in normalen Situationen, wie beim Verladen, oder bei jungen Pferden, die mit neuen Situationen zum Beispiel auf Turnieren oder Auktionen konfrontiert werden, können ängstliche bis panische Reaktionen auftreten.

Um als Mensch richtig reagieren zu können, ist es wichtig, die eigene Sicherheit weitgehend zu gewährleisten. Um davonstürmenden Pferden Einhalt gebieten zu können, ist das Tragen von rutschfesten Handschuhen unerlässlich. Wenn man die Longe loslassen muss, weil man sie vor Schmerz nicht mehr halten kann, kann es zu schweren Unfällen mit dem frei laufenden Pferd kommen. Aus Ängstlichkeit drängelnde Pferde könnten uns in Panik auf die Füße treten; deshalb ist das Tragen von solidem Schuhwerk unerlässlich.

Aber selbst wenn Sie in Stöckelschuhen und ohne Handschuhe ein vor Erregung berstendes Pferd an der Hand haben, ist Ihre größte Hilfe die stoische Ruhe, die Sie selbst ausstrahlen. Viele Menschen machen den Fehler und beginnen zu schreien, was Pferde oft nur noch mehr aufregt und ihnen außerdem keinerlei Sicherheitsgefühl vermittelt. Fordern Sie stattdessen die Aufmerksamkeit des Pferdes durch pulsierendes Rucken an Halfter und Führleine oder

Dieses junge Pferd trägt zum ersten Mal einen Reiter und wird daher mit geringer Körperspannung geritten. (Foto: Slawik)

Longe ein. Ziehender Druck löst in einem panischen Pferd eher einen Fluchtreflex aus als pulsierender Druck.

Ein erfahrener Pferdemensch lässt sich nie von der Nervosität des Pferdes anstecken, sondern setzt der nervösen Aufregung größtmögliche Ruhe, Objektivität und Souveränität entgegen. Dazu atmen Sie ruhig und tief und seufzen entspannt oder gähnen herzhaft. Wählen Sie eine betont lockere bis schlaffe Körperhaltung, soweit dies möglich ist.

Sobald Ihr Pferd spürt, dass Sie sich nicht von der Nervosität anstecken lassen, kann es aus seinem instinktiven Verhaltensrepertoire herauskommen und beginnen, wieder bewusster zu denken. Sind Sie kompromisslos ranghöher, vermitteln Sie Ihrem Pferd durch die betonte Ruhe, die Sie ausstrahlen, dass es sich ebenfalls wieder entspannen kann.

Bereits im ersten Moment der Ängstlichkeit kann man einiges tun, um zu verhindern, dass das Pferd panisch reagiert. Jedes Mal, wenn das Pferd sich offensichtlich fürchtet, sollte man eher vermeiden, es zu streicheln, wie viele Menschen es gern tun. Diese Reaktion ist sehr menschlich und verständlich, wird aber vom Pferd vermutlich falsch interpretiert: Es denkt, dass es durch das Streicheln für das vorangegangene oder gegenwärtige panische Verhalten gelobt wird.

Trotzdem ist ein Streicheln natürlich deutlich weniger schlimm, als wenn man ein Pferd für sein Scheuen, Erschrecken oder eine panische Reaktion bestraft, denn dadurch wird das Pferd in seiner Angst nur bestätigt. Um sich aber langfristig ein ausgeglichenes, weitgehend angstfreies Pferd zu erziehen, ist es besser, bei aufkommender Nervosität eine Aufgabe abzufragen und das Pferd mit seiner eigenen hundertprozentigen Präsenz in die konzentrierte Situation der zu erfüllenden Aufgabe zurückzuholen.

Als Pferdebesitzer hat man oft eine tiefe gefühlsmäßige Bindung zu seinem Pferd und lässt sich für gewöhnlich leicht von der Nervosität anstecken. Wer selbst schon gestürzt ist oder im Umgang mit Pferden schmerzhafte Erfahrungen gemacht hat, wird in einem schwierigen Moment auch nicht „zu Unrecht“ selbst nervös und ängstlich. Bei allen verständlichen menschlichen Empfindungen kann uns aber nur eine souveräne Sachlichkeit und Überlegenheit aus dieser misslichen Situation herausbringen. Hält man sich vor Augen, dass wir für Pferde ein ähnlich gutes Beispiel wie für Kinder abgeben müssen, wird schnell klar, dass keine wie auch immer geartete Ausrede uns aus dieser Verantwortung entlässt. Sind Sie selbst sehr ängstlich oder leicht von Ihrem Pferd durch seine Angstreaktionen zu beeindrucken, sollten Sie auf geeignete Gegenmaßnahmen zurückgreifen, um Ihr Selbstvertrauen im Umgang mit Pferden oder beim Reiten (wieder) aufzubauen und keine unkalkulier baren Risiken einzugehen. Das beste Mittel besteht darin, sich einen souveränen Trainer zu Hilfe zu nehmen, um die eigene Angst überwinden zu lernen. Außerdem stärkt natürlich jedes angeeignete Wissen über Pferde unser Selbstvertrauen im Umgang mit ihnen.

Um ein angst- und scheufreies Pferd zu bekommen, ist es am besten, vor allem zu Beginn der Beziehung Ausflüge außerhalb der bekannten Umgebung zu machen und fremdartige Gegenstände positiv zu belegen, das heißt, dafür zu sorgen, dass das Pferd überhaupt nicht dazu kommt, Angst oder Panikreaktionen zu kultivieren.

Potenzielle Schleifensammler

> *Reiten: das Zwiegespräch zweier Körper und zweier Seelen, das dahin zielt, den vollkommenen Einklang zwischen ihnen herzustellen.*
>
> *Waldemar Seunig*

Erfolg auf Turnieren ist planbar – neben Ihren reiterlichen Qualifikationen ist Ihre Bereitschaft, auf ein Ziel hinzuarbeiten und dabei strategisch vorzugehen, immens wichtig. Erfolgreiche Pferde haben ein genaues Maß an Routine, Gelassenheit und Lockerheit einerseits und andererseits genau den richtig dosierten erhöhten Adrenalinspiegel, um vorsichtig zu springen oder sich in einer Dressurprüfung ausdrucksstark zu bewegen.

Eigentlich routinierte Pferde, die sich auf Turnieren vor Blumenkästen, gepunkteten Krawatten oder ähnlich „nichtigen" Anlässen erschrecken, haben meist zu viel Spannung in sich, die sich durch Scheuen explosionsartig entlädt.

Pferde, die auf Turnieren plötzlich „ausrasten", haben meist eine geballte Spannung in sich, die sich anders nicht entladen kann. (Foto: Wentscher)

In dieser Situation ist das Scheuen keine instinktive Handlung aus Angst vor einem potenziellen Raubfeind, sondern eine Übersprungshandlung, mit der das Pferd versucht, seine geballte Unruhe und Nervosität zu entladen. Eine Übersprungshandlung ergibt sich aus dem inneren Konflikt zwischen zwei verschiedenen Instinkten (Flucht oder Kampf) oder zwischen einem Instinkt (Flucht) und einer gelernten Reaktion (das Absolvieren einer Dressuraufgabe).

Das Pferd im Dressurviereck spürt die Anspannung des Reiters (oder der gesamten Situation, wenn eine Gruppe von Zuschauern gebannt den Atem anhält und dabei auf das Pferd starrt) vor oder während der Aufgabe und ist durch den Mechanismus der Stimmungsübertragung alarmiert, also flucht- oder kampfbereit. Gelernt hat es aber, dass es aus dieser Situation nicht fliehen darf und es keinen konkreten Angreifer gibt, gegen den man sich verteidigen muss. Ist der innere Konflikt zu groß, muss dass Pferd irgendwie handeln, um die innere Spannung abzubauen, und scheut vor irgendeinem Objekt, das es im Training vermutlich nicht einmal beachten würde. Daher ist in diesem Fall auch eine Desensibilisierung gegenüber dem Objekt, vor dem das Pferd gescheut hat, nicht das primäre Mittel der Wahl, um das Problem zu lösen.

Vielmehr muss der Reiter lernen, weniger Anspannung auszustrahlen und beruhigender auf das Pferd einzuwirken. Gleichzeitig muss die Toleranz gegenüber Zuschauermengen, die mit angehaltenem Atem und gespannten Körpern wie sich anschleichende Raubkatzen auf ihren Rängen sitzen, erhöht werden. Hilfreich sind häufigere Starts in leichteren Prüfungen, um den Druck zu mindern und um Erfolgserlebnisse zu bescheren, sowie ein möglichst großer mentaler Ausgleich durch Weidegang.

Sinnvoll ist es auch, Turniersituationen von Anfang an „positiv zu besetzen“, das heißt, zu einer möglichst schönen Erfahrung für das Pferd werden zu lassen. Im Idealfall nimmt

Damit Pferde mental ausgeglichen sein können, brauchen sie die Möglichkeit zum Toben und zum Genießen ihrer Freiheit. (Foto: Slawik)

man das junge Pferd mehrere Male mit einem routinierten Pferd zum Turnier mit und lässt ihm dort viel Aufmerksamkeit und Lob zukommen. Auch Ihre eigene Fröhlichkeit und Ruhe wirken, wie immer, ansteckend. Reiten können und sollen Sie natürlich auch – doch bitte zunächst nur auf dem Turniergelände, Abreiteplatz oder allenfalls in solchen Prüfungen, bei denen Sie das Pferd sicher nicht überfordern und ungewohnt großen Druck ausüben müssen. Alles soll so positiv wie möglich sein. Halten Sie sich von hysterischen Reitern fern, die versuchen, ihren Pferden auf dem Abreiteplatz mit Gewalt noch den letzten Schliff zu geben, oder gar solchen, die Pferde in Transporter prügeln – denn auch hier greift die Stimmungsübertragung. Um alles so authentisch wie möglich zu gestalten, sollten Sie Ihr Pferd vorher einflechten und Turnierkleidung tragen, damit am Tag der ersten „richtigen" Prüfung alles genauso fröhlich und lässig über die Bühne geht. Wenn Sie es geschafft haben, in Ihrem Pferd grundlegend den Eindruck zu erwecken, dass Turniere eine schöne Sache sind, stellt sich der Erfolg von selbst ein.

Reiten Sie Prüfungen und sind selbst übernervös, können Sie mit der Zeit auch einen gelassenen Routinier unter dem Sattel in ein Nervenbündel verwandeln. Nehmen Sie Bachblüten zur Beruhigung und kreieren Sie sich ein eigenes Mantra, das Sie in Ihrem Kopf abspulen, um sich selbst zu überzeugen, wie gleichgültig Sie der ganzen Sache gegenüberstehen und dass Sie die gesamte Turnierszene sowieso nur langweilt.

Die richtige Energie für triebige Pferde

Pferde haben immer sehr viel mehr kapiert, als sie sich anmerken ließen.
Douglas Adams

Triebige Pferde bieten entweder von ihrem Temperament oder ihrer physischen Verfassung her weniger Schwung und Vorwärtsdrang an als andere Pferde. Manche Pferde sind triebig geworden, weil sie durch zu starke, zu häufige oder zum falschen Zeitpunkt erfolgte treibende Hilfen desensibilisiert wurden.

Hier gilt es deutlich zu unterscheiden und vor allem gesundheitliche Ursachen abzuklären. Manche Pferde sind sehr aktiv, wenn sie mit anderen Pferden zusammen draußen sind, zeigen aber unter dem Sattel keinerlei Bewegungslust. Bei solchen Pferden sollte man dringend den Sattel überprüfen, denn möglicherweise hat sich das Füllmaterial verwoben und schmerzhaft drückende Knoten gebildet, die Kammer des Sattels ist zu eng und behindert die Pferdeschultern oder die Passform des Sattels insgesamt stimmt nicht mehr. Im Schritt ist das dadurch entstehende Unbehagen für das Pferd vielleicht noch zu ertragen, in den schnelleren Gangarten aber nicht mehr. Es ist so, als sollten wir mit einem Stein im Schuh (oder mit einer zu engen Jeans) rennen: Wir können das unangenehme Gefühl beim Gehen vielleicht noch aushalten, aber schneller bewegen mögen wir uns dann ebenfalls nicht.

Vielen Pferden bleibt bei ständig grober Hilfengebung nur die Flucht in die „Faulheit". (Foto: Wentscher)

Viele Pferde steigen oder bocken zwar nicht, wenn sie schlecht angepasste oder scheuernde Sättel, Zaumzeuge und Gebisse tragen (als seien sie von klein auf daran gewöhnt), zeigen ihren Unwillen zur fleißigen Mitarbeit dann aber auf andere Art und Weise durch eingeschränkte Kooperation.

Andere Pferde mögen nicht richtig vorwärts gehen, weil ihre Reiter unausbalanciert sitzen und das empfindliche Gleichgewicht des Pferdes in den höheren Gangarten stören.

Wieder andere Pferde sind durch schlechtes Timing bei der Hilfengebung verwirrt und bieten von sich aus nichts mehr an, weil sie gelernt haben, dass sie dem Einsatz von Gerte und Sporen in keinem Fall entgehen können – egal, was sie als Reaktion anbieten. Schlechtes Timing bedeutet, dass entweder absichtlich oder unabsichtlich (durch mangelnde Balance und Koordination oder ungenügende Disziplin des Reiters) weiter getrieben wird, obwohl das Pferd das gewünschte Verhalten, zum Beispiel eine Tempoverstärkung oder einen Wechsel in die höhere Gangart, bereits angeboten hat.

Sehr sensible Pferde versuchen, ihre Reiter zu einer feineren Hilfengebung zu erziehen, indem sie auf grobe Hilfen nicht reagieren und störrisch werden. Jedes Pferd will so fein wie möglich geritten werden. Bei einem stattlichen Tier wie dem Pferd wird oft nicht bedacht, auf wie feine und leise Hilfen (ein motivierendes „Küsschen" und der Hauch eines Schenkels) es reagieren kann, und fälschlicherweise wird von Anfang an mit zu viel Druck gearbeitet.

Auch brauchen manche Pferde eine gewisse Reaktionszeit, die nicht unterschätzt werden sollte. Leider kann ein nicht augenblickliches Reagieren auf eine Hilfe als Ungehorsam missverstanden werden, und so wird die Hilfe erneut, in verstärkter Form gegeben. Dieses Szenario muss für ein Pferd mit längerer Reaktionsdauer nicht oft wiederholt werden, um erfolgreich den Grundstein für ein zunehmend abgestumpftes (desensibilisiertes) Pferd zu legen.

Der Reiter, der nun den Schenkel stärker einsetzt, wenn das Pferd beim ersten Mal nicht prompt reagiert, gleicht jemandem, der ein Wort, das ein anderer nicht versteht, nur lauter herausschreit. Dies dient aber nicht der besseren Verständigung und ist kein Zeichen kommunikativer Kompetenz. Richtig wäre, die Hilfe im gleichen Maß noch einmal zu geben, so als hätte das Pferd uns beim ersten Mal nicht „gehört“ oder verstanden (Näheres hierzu auf Seite 122).

Die spezifische Reaktionszeit eines Pferdes ist von Anfang an im Training zu berücksichtigen und durch sorgsame Beobachtung in alltäglichen Situationen zu ermitteln. Mit positiver Konditionierung, also indem man schnellere Reaktionen konsequent belohnt, kann es im Verlauf der weiteren Ausbildung zu schnelleren Reaktionen motiviert werden.

Wie immer in Situationen, die von der Norm abweichen, ist unsere akribische Detektivarbeit gefordert. Hängt nach genauer Überprüfung die Triebigkeit nicht mit dem Gesundheitszustand, der Ausrüstung oder unsachgemäßer Ausbildung zusammen, müssen wir feststellen, dass wir es mit einem Pferd zu tun haben, das schlicht weniger Vorwärtsdrang mitbringt und für das die eifrige Laufarbeit keinen großen Reiz besitzt. Es ist ein instinktsicheres Pferd, das seine Energiereserven für Ausnahmezustände aufheben möchte. Reitanfänger und ängstliche Reiter sind mit einem ruhigen Pferd oft bestens bedient, wenn es ansonsten brav und gut ausgebildet ist.

Generell gilt für den Umgang mit triebigen Pferden ein erhöhter Energielevel unsererseits, denn wir wollen es (wieder) erfolgreich sensibilisieren und aufmerksamer machen. Jegliche Monotonie in der Arbeit sollte vermieden werden. Besonders Ausritte bieten sich an: Im Gelände wird normalerweise jedes Pferd einen größeren Vorwärtsdrang entwickeln. Wenn die Kondition des Pferdes gering ist, kann man diese durch abwechslungsreiche Arbeit steigern. Dazu gehören Freispringen, Stangenarbeit und Geländetraining, alles fein dosiert und so gestaltet, dass es dem Pferd größtmögliche Freude bereitet und es nicht überfordert.

Bei der Arbeit mit dem triebigen Pferd begegnen wir ihm mit unserer eigenen erhöhten Körperspannung. Gleichzeitig wird ein exaktes Timing bei der Hilfengebung unerlässlich. Auf einem triebigen Pferd sitzen wir nicht betont locker, wie wir es bei einem aufgeregten Pferd tun würden, sondern wir vermitteln durch die Stimmungsübertragung erhöhte Spannung. Diese sollte natürlich nicht in Verkrampfung ausarten, aber Beine und Oberkörper dürfen ruhig über eine erhöhte Muskelspannung verfügen. Die Hilfen werden so fein wie möglich gegeben und dem Pferd wird eine ausreichende Reaktionszeit zugebilligt, bevor die nächsthöhere Hilfe (siehe Kasten auf Seite 122) präzise und kurzzeitig, aber unmissverständlich folgt. Beim Leichttraben gehen wir dazu über, eine Idee vor der Bewegung des Pferdes zu sein und uns ein weniger länger aus dem Sattel zu heben, um den Raumgriff der Schritte zu erhöhen.

Wenn das Pferd sich angestrengt hat, ist es sofort zu belohnen und jeglicher Druck zu entfernen. Möglicherweise geht es zunächst nicht darum, in korrekter Anlehnung zu reiten,

Um den Raumgriff im Trab zu fördern, können wir beim Leichttraben einen Moment länger aufstehen und die Bewegung des Pferdes dadurch positiv beeinflussen. (Foto: Slawik)

sondern alles für ein fleißiges Vorwärtsgehen zu tun und Kondition sowie Lauffreude in vernünftigem Rahmen zu steigern.

Bei der Arbeit am Boden bewegen wir uns ebenfalls betont akzentuiert mit erhöhter Körperspannung. Das Pferd ist ein natürlicher Nachahmer, der die Energie des Ranghöheren zu imitieren versucht. Gehen wir also mit gutem Beispiel voran, straffen unseren Körper und gehen betont mit sicheren, großrahmigen Schritten. Wichtig ist dabei, locker in der Hüfte zu bleiben, uns also geschmeidig (à la Marilyn Monroe) zu bewegen, um nicht verkrampft zu wirken.

Erziehung zum Schenkelgehorsam

Wer junge Pferde einreitet, weiß, dass kein Pferd mit praktischen, seitlich am Bauch liegenden „Beschleunigungsknöpfen" geboren wird, die nur vom Reiterschenkel berührt werden müssen. Im Gegenteil: Junge beziehungsweise rohe Pferde werden oft umso verhaltener, je mehr Druck man mit den Schenkeln oder Fersen macht. Dies kann kein Zeichen von Faulheit oder mangelnder Sensibilität sein, denn auch diese Pferde reagieren auf eine Fliege, die auf ihrem Körper landet.

Das Beschleunigen aufgrund von Schenkeldruck ist also eine erlernte Reaktion, und dieser Lernvorgang bereitet manchen Pferden Schwierigkeiten.

Mithilfe der nachfolgend beschriebenen Vorgehensweise können Sie Ihr Pferd schnell und eindeutig zu (mehr) Schenkelgehorsam erziehen. Dennoch habe ich als „Anwältin" für Pferdebelange und erklärte Vertreterin des gewaltfreien Umgangs mit Pferden große Bedenken bei der Beschreibung dieses Tipps, da der Einsatz einer Gerte für diese Arbeit nötig ist. Eine Gerte sollte als eine Hilfe verstanden werden – leider gilt diese Auffassung in der heutigen Reitszene viel zu selten und es wird sehr viel Missbrauch betrieben. Ein Hilfsmittel an sich ist nicht gut oder schlecht, sondern nur die Art und Weise, wie wir es einsetzen. Bitte beachten Sie also, dass der Einsatz der Gerte hier nur empfohlen und dargestellt wird, bis der Schenkelgehorsam etabliert ist – dies dauert im Idealfall nur einige Minuten. Einen weiteren Einsatz der Gerte, ihren steten Gebrauch und ihre ständige Präsenz lehne ich persönlich ab. In diesem Sinne bitte ich Sie, Ihre Vorbildfunktion gegenüber Kindern und Jugendlichen sehr ernst zu nehmen und auch Ihrem Pferd diese stete Bedrohung zu ersparen. Ist Ihr Pferd „unheilbar“ triebig, ist es vielleicht in den Händen eines noch unsicheren oder weniger anspruchsvollen Reiters besser aufgehoben. Die weitaus größte Zahl der Reitpferde geht bei feiner Hilfengebung ohne den Einsatz von Sporen und Gerte „vorwärts“!

So erfolgt die Konditionierung auf feine Schenkelhilfen: Ein sehr leichtes Anlegen der Unterschenkel soll zu einer augenblicklichen Beschleunigung führen. Ist dies nicht der Fall, wird die Schenkelhilfe im gleichen Moment durch ein Touchieren mit der Gerte ergänzt, bis eine lebendige Reaktion erfolgt, die sofort durch Streicheln und ein verbales Lob belohnt wird. Gleichzeitig erfolgt ein sofortiges Aussetzen der Schenkelhilfe, das Pferd soll indes fleißig weiterlaufen (sonst folgt eine weitere Touchierhilfe mit der Gerte) und wird dann durchpariert und gelobt. Dieser Vorgang wird wiederholt, und wenn das Pferd sofort richtig auf den Schenkel reagiert, wird die Touchierhilfe mit der Gerte ausgesetzt und das Pferd adäquat gelobt. Es versteht sich von selbst, dass der durch den Einsatz der Gerte gezeigte Vorwärtsdrang keinesfalls durch eine „bremsende“ Wirkung der Zügelhilfen zu behindern ist. Auch für Reiter, die ein (noch) unruhiges Bein haben und dadurch nicht in der Lage sind, genau dosierte, hauchfeine Schenkelhilfen zu platzieren, beziehungsweise durch ständiges ungefiltertes Berühren Missverständnisse in der Kommunikation provozieren, ist diese Methode ungeeignet. Bei sehr kitzeligen Pferden wird der Druck leicht verlängert gehalten, bei triebigen Pferden kann ein kurzzeitiger pulsierender Druck erfolgreich angewendet werden.

Aus der Logik dieser Vorgehensweise ergibt sich die Notwendigkeit, Pferde nicht mehr mit einem angelegten Schenkel, sondern durch beidseitigen Bügeltritt bei zurückgelegten Unterschenkeln und durch korrekten Einsatz von Bauch- und Rückenmuskulatur durchzuparieren.

Sensibilisierung mit der Doppellonge

Bei der Sensibilisierung eines triebigen Pferdes erzielen Sie die besten Ergebnisse, wenn Sie die Arbeit mit einer kurzzeitigen Veränderung seines gewohnten Lebens einleiten. Durchbrechen Sie die Routine und machen Sie ein paar Tage etwas völlig anderes. Bewährt haben sich Spaziergänge an der Hand, bei denen Sie auch gern mit Ihrem Pferd zusammen joggen können. Auch eine komplette Auszeit bietet sich an, wenn das Pferd mit anderen draußen sein darf und sich selbst bewegen kann.

Wenn Sie das eigentliche Training wieder aufnehmen, sollten Sie Ihrem Pferd anders gegenübertreten. Wenn wir uns konsequent um gesteigerte Konzentration und Bewusstheit bemühen, werden wir ein Pferd bekommen, das äußerst willig mit uns arbeitet. Günstig ist es, wenn Sie zunächst die Routine aus Longieren und Reiten zugunsten anderer Beschäftigung einschränken. Wenn Sie nicht auf das Reiten verzichten wollen, gehen Sie vorzugsweise ins Gelände und nehmen Sie andere Wege oder fahren Sie mit Ihrem Pferd in eine andere Umgebung. Pferde lernen kontextbezogen: Wenn Sie also in der gleichen Umgebung trainieren, hat Ihr Pferd die übliche Einstellung zur Arbeit. Besteht die Möglichkeit, an einem anderen Ort zu trainieren, können Sie bessere Ergebnisse erzielen. Konzentrieren Sie sich auf Bodenarbeit in kurzen, positiven Einheiten. Alles, was das Interesse Ihres Pferdes weckt, ist erlaubt. Trainieren Sie Ihre präzise Hilfengebung, bei der Sie systematisch von feinen Körpersignalen zu Touchierhilfen aufbauen, die sich langsam steigern, wenn das Pferd nicht reagiert. Belohnen Sie richtige Reaktionen durch Ihre von Herzen kommende Freude, also durch sanftes Streicheln und eine liebevolle Stimmlage. So schaffen Sie Erfolgserlebnisse für Ihr Pferd und damit gleichzeitig den Anreiz, sich anzustrengen. Wenn Ihr Pferd aufgrund der positiven Erlebnisse mit Ihnen willig mitmacht und beginnt, auf feinere Signale zu reagieren, fahren Sie mit kurzen Reprisen an der Doppellonge fort.

Auch dabei bedienen Sie sich einer feinen Systematik. Die Grundregel lautet hier: Je eher das Pferd reagiert, zum Beispiel durch Antraben nach dem ersten Signal dafür, desto eher wird es durchpariert und damit für seine augenblickliche Reaktion belohnt. Je mehr Aufforderungen oder Verstärkungen der Hilfe es benötigt, um richtig zu reagieren, umso länger muss es arbeiten.

Diese Arbeit hat nicht den Zweck der Konditionssteigerung, sondern dient allein dazu, dem Pferd zu einer größeren Sensibilität zu verhelfen. Das bedeutet: sofortiges Signal zur Entspannung bei jeder augenblicklichen, richtigen Reaktion und konsequent sachliches Weitertreiben bis zum gewünschten Ergebnis, wenn sie nicht umgehend erfolgt. Wird dies konsequent und korrekt ausgeführt, ignoriert das Pferd die Hilfen nicht mehr und arbeitet willig mit. Etablieren Sie diese Arbeit, bis sie sicher ausgeführt wird, bevor Sie die Anforderungen steigern, und lassen

Die durchdachte und konzentrierte Doppellongenarbeit kann einiges dazu beitragen, dass sich Sensibilität und Reaktionsgeschwindigkeit des Pferdes verbessern. (Foto: Slawik)

Sie niemals Routine aufkommen. Einmal macht das Pferd nur drei Galoppsprünge, bevor es wieder Schritt gehen oder traben darf, beim nächsten Mal sieben und beim dritten Mal fünf. Werden Sie diesbezüglich nicht vorhersehbar, sodass Ihr Pferd nicht beginnt, seine Reaktion Ihrer Hilfe vorwegzunehmen. Wenn Sie es geschafft haben, wieder eine feine Kommunikation herzustellen, übertragen Sie diese Prinzipien auf das Reiten. Ideal ist es, wenn Sie andere Pferde reiten, die prompt auf feine und korrekte Hilfen reagieren, um selbst wieder ein Gefühl dafür zu entwickeln.

Zum Schluss

Lieber Leser,
ich möchte Ihnen danken, dass Sie mich auf den vorangehenden Seiten dabei begleitet haben, die spannende Lebensweise und Psyche unserer Pferde genauer zu betrachten. Ich empfinde es als eine große Bereicherung meines Lebens, den Pferden den „leichten" Weg zu zeigen und ihn gemeinsam mit ihnen und meinen geschätzten Schülern zu gehen. Mehr über die Pferde und ihre Psyche zu wissen und auch über unsere eigenen Schwächen im Umgang mit ihnen verstehe ich als aktiven Tierschutz.

Meine persönlichen Erkenntnisse, dass aktives, positives Leadership der Schlüssel zu einer harmonischen Beziehung mit unseren Pferden ist, habe ich mit Ihnen, soweit dies durch ein

Buch möglich ist, geteilt. Selbstdisziplin und persönliche Weiterentwicklung sind für mich selbstverständlich und Ausdruck von Selbstvertrauen und Stärke.

Meines Erachtens genügt es nicht, rein technisches Wissen zu vermitteln, denn eine erfolgreiche Beziehung zum Pferd beginnt mit und in uns selbst und beinhaltet, dass wir uns möglichst umfassende Kenntnisse über die Sozial- und Gefühlswelt des Pferdes aneignen. Dieses Buch leistet dazu einen wichtigen Beitrag, und Sie werden immer wieder aus den hier zusammengefassten Erkenntnissen schöpfen können, wenn Sie den Pferden offen und mit allen Sinnen begegnen und stets daran arbeiten, die Welt aus den Augen der Pferde zu betrachten. In diesem Sinne wünsche ich Ihnen, dass Sie Ihr Pferd und seine Persönlichkeit bei der Arbeit und im Umgang zum Strahlen bringen, dass dieser Glanz auf Sie zurückfällt und Sie stets mit einem Blick begrüßt werden, der da sagt: „Schön, dass du da bist – und was machen wir heute?“

Ihre Linda Weritz

CADMOS PFERDEBÜCHER

Dr. Susanne Geipert/
Christiane Slawik

LEGENDÄRE PFERDE DER BERBER

Fantastische Fotografien in großen Formaten entführen den Leser in eine andere, faszinierende Welt – ein Buch, das auch zum Durchblättern und Genießen geeignet ist.

96 Seiten, gebunden
ISBN 978-3-86127-432-2

Linda Weritz

DAS LERNVERHALTEN DER PFERDE

Pferde können nicht sprechen, dafür sind si
Meister der nonverbalen Kommunikation. In den klassischen Ausbildungsmethoden wird dieses Kommunikationssystem bisher wenig berücksichtigt. Linda Weritz zeigt, wie man mithilfe der Tierpsychologie besser mit Pferden umgeht.

128 Seiten, gebunden
ISBN 978-3-86127-420-9

Philippe Karl

IRRWEGE DER MODERNEN DRESSUR

Philippe Karl, einer der mutigsten Kritiker einer Dressurwelt, für die ein Pferd „Material" ist und deren Ausbildungsmethoden einzig darauf abzielen, ein Pferd möglichst schnell in mit hohen Preisgeldern dotierten Prüfungen an den Start zu bringen, legt mit diesem Buch den Finger auf die Wunde und zeigt neue Wege auf.

160 Seiten, gebunden
ISBN 978-3-86127-413-1

Robert Schinke

ERFOLG BEGINNT ZUERST IM KOPF

Selbstvertrauen und eine positive Einstellung zum Sport sind auch beim Reiten enorm wichtige Faktoren für den Erfolg, aber auch für eine angstfreie und damit sichere Zusammenarbeit mit dem Pferd. Der Sportpsychologe und erfolgreiche Reiter Robert Schinke zeigt Wege auf, die auf der Grundlage gemachter Erfahrungen zu einem „Sportoptimismus" und zu einer gesunden Einschätzung der eigenen Leistungsfähigkeit führen können.

160 Seiten, gebunden
ISBN 978-3-86127-419-3

Claudia Naujoks

NATURHEILKRÄUTER FÜR PFERDE

Heilpflanzen werden vorbeugend, unterstützend zur schulmedizinischen Behandlung und zur Linderung von chronischen Erkrankungen wirksam eingesetzt. Mit Heilpflanzen wird das Immunsystem gestärkt, die Selbstheilungskräfte werden aktiviert und dem Pferd wird so geholfen, Krankheiten schneller zu überstehen. Ein Buch für alle, die ihr Pferd bis ins hohe Alter gesund und leistungsfähig erhalten wollen.

80 Seiten, broschiert
ISBN 978-3-86127-540-4

Cadmos Verlag GmbH · Im Dorfe 11 · 22946 Brunsbek
Tel. 0 41 07 / 85 17 0 · Fax 0 41 07 / 85 17 12
Besuchen Sie uns im Internet: www.cadmos.de

CADMOS